60 分钟读懂量子力学

张亮 著

台海出版社

图书在版编目（CIP）数据

60分钟读懂量子力学 / 张亮著 . -- 北京 ：台海出
版社，2020.3

ISBN 978-7-5168-2565-5

Ⅰ . ①6… Ⅱ . ①张… Ⅲ . ①量子力学－普及读物
Ⅳ . ① 0413.1-49

中国版本图书馆 CIP 数据核字（2020）第 038354 号

60分钟读懂量子力学

著 者	张 亮	

出 版 人	蔡 旭	
选题策划	盛世云图	
责任编辑	王 艳	
装帧设计	异一设计	
内文制作	郭廷欢	

出 版	台海出版社	
地 址	北京市东城区景山东街 20 号	
邮 编	100009	
电 话	010 — 64041652（发行，邮购）	
传 真	010 — 84045799（总编室）	
网 址	www.taimeng.org.cn/thcbs/default.htm	
电子邮箱	thcbs@126.com	

发 行	全国各地新华书店
印 刷	河北盛世彩捷印刷有限公司

开 本	880mm × 1230mm 1/32
字 数	135 千字
印 张	7
版 次	2020 年 3 月第 1 版
印 次	2020 年 3 月第 1 次印刷

书 号	ISBN 978-7-5168-2565-5
定 价	45.00 元

序　言

在阅读这本书之前，你生活在一个宏观的世界里，它的运行法则是以牛顿力学为代表的经典物理学体系，著名的三大定律让你知道物体是怎样做直线运动的、力量是如何分成作用力和反作用力的……但是在阅读这本书以后，你将进入到另一个完全不同的世界，它比细菌生活的微观世界更小，是一个由数不清的粒子和能量构成的世界，我们称它为量子世界。

量子这个概念最早诞生在20世纪早期，当时它还不被人所知，可以说是在经典物理学的闪耀光环下诞生的。然而，随着时间的推移和众多量子研究者、大师的出现，人们才开始意识到：原来我们生活的宇宙并不像我们认为的那样简单，还有很多现象是解释不了的。而量子用"不确定性""跃迁性""非连续性"和"复杂的因果关系"让我们见识到了另一个陌生、奇妙甚至颠覆认知的世界：平行宇宙、叠加状态、时间旅行……于是，人们将相对论和量子力学视为20世纪最伟大的两大理论。

量子理论诞生的意义不仅是科学性的，还是社会性的。我们通过它可以发现，意识对物质具有强大的影响力，这意味着我们可以依靠坚定的信念去克服重重困难。此外，量子理论还教会我们用另类的视角去看待一见钟情和人生逆袭，所以它对社会大众来说，不仅仅是一门内容丰富、思想深邃的学科，更是一种积极的人生态度。如果说量子颠覆了经典物理学的统治地位，那么我们的人生何尝不需要颠覆固有的认识，寻找新的上升通道呢？

一位科学家曾经说过："我们生活在一个离不开科学和技术的社会，但却很少有人了解科学和技术。"的确，在信息高度发达的今天，我们更多关注的是娱乐性、话题性的新闻，却很少关注自然科学，其实科学并不是在学生时代折磨我们的数理化，它原本是一个美丽迷人、精彩奥妙的世界，而量子世界就是科学殿堂中的一道神秘风景线。

多了解一点量子，我们就会多了解这个世界的本质，因为量子世界是构筑我们所在的宏观世界的基础。当你学会了通过量子世界去解析宏观世界的时候，也就学会了由内向外地分析整个世界。

也许很多人之前对科普读物并不了解，担心自己会读不懂，本书特别照顾对量子科学好奇的朋友，通篇采用浅显生动的语言去解释复杂专业的概念，不仅追溯了量子理论的发展过程，还将量子和我们的生活紧密联系在一起，让你可以从身边的人和事入手，进一步了解量子世界的奥秘。在阅读本书之前你可以是零基础，在阅读本书之后，不仅能收获丰富的科学知识，还可能构建起对人生、世界乃至宇宙的独特见解与思考。

目 录

第三章　谁的人生不"量子"

第四章　量子改变现代生活

第五章 小说、电影中的隐藏 BOSS：量子

第六章 盘点神话中的量子

第七章 盘点量子的经典实验

第一章

掀起量子的"盖头"来

1.起源：“黑体”就是光吃不长肉的人

在你身边，肯定生活着一种“奇怪的生物”：他们每天一日三餐不落，偶尔还塞点小零食，高兴了还会加个夜餐，他们不是健身房的常客，却丝毫不长肉。相比之下，洁“胃”自好的你，每次吃肉恨不得先过一遍电子秤再塞进嘴里，可还是免不了体重“增值”，让你刻骨铭心地记住了“一胖毁所有”的名言。

其实，在物理学界也有很多光吃不长肉的怪家伙，其中有一个叫作“黑体”。

黑体是什么？说起来有点冤，这个家伙并不是现实存在的，而是科学家虚拟出来的一个理想化物体，能够吸收外来的全部电磁辐射同时不会发生任何的反射或者透射。虽然黑体不是现实存在的，但它可以作为一种热辐射研究的参考标准。

虽然黑体是科学家设想的一个物理学概念，可黑体在生活中还是可以看到的。打个比方，某天晚上，你从一个打开窗户的无人居住的平房前路过，无意中向里面看了一眼，看到的肯定是一个黑魆魆的洞口。当然你不是一个小偷，只是出于好奇心才窥探了那么一眼，你的好奇心可以理解为放射出的电磁波，而那个窗口就是吸收了你好奇心的黑体。

19世纪末到20世纪初，物理学界已经形成了三足鼎立之势：牛顿力学、麦克斯韦电磁理论和热力学，这对科学界的新人来说很不友好，因为这三大理论体系太完美了，完美到想要挑出点错都难。

还好，人类中永远都不缺少会"找茬"的人，当时一个名叫威廉·汤姆逊的人（后来被封为开尔文勋爵，人们习惯称他为开尔文，该名字也成了温度单位），发现了看似完美无瑕的体系中存在着两个问题，一个是以太假说，还有一个就是黑体辐射实验。

以太和黑体一样，都是科学界的虚拟角色。不过说起来，中国人才是最早发明以太这个概念的民族，也许你翻遍中国古代的所有典籍，可就是找不到这个词，这也正常，因为中国人眼中的以太就是"气"。

"气"是中国哲学、道教、中医学以及中华气功中最常见的概念，从春秋时代就有这个概念了。那时候的思想家们把气看成是组成一切事物的基本元素，具有像气体一样的流动特性，是人类和所有生命具备的能量和动力。

在西方科学家眼里，以太被认为是光在真空中传播的介质，可以理解为带着光奔跑的快递员，它会根据光的传播方向的改变存在速度上的不同，这就好比快递员走堵车的路和无人的路速度必然不同，可后来的实验证明了一个尴尬的结果：以太这位快递员无论走哪条路速度都一样，这让科学大牛们都傻眼了，然而更让他们目瞪口呆的还在后面，那就是黑体。

黑体在热力学平衡状态下，能够辐射出不同波长的电磁波，就像一个贪吃鬼在吃东西时，每分钟的咀嚼次数和吞咽次数都应该大致相当，所以可以看成是"能量均分的"，然而在后来的一系列实验中发现，短波区的实验数据和从经典物理学中推导出的结果严重不相符，后来被称作"紫外灾难"，在物理学界引起了巨大的恐慌。

想想看，一个在正常吃饭的吃货，我们根据他的牙口、个性、食物类型制定出了一个有关咀嚼和吞咽的变化图表，可在实际观察中却发现吞咽的次数和进食（把食物塞进嘴里）的次数根本不成比例关系，好像这个吃货吃的更多的是空气，怎么不让人觉得诡异呢？

紫外灾难发生了，人们开始怀疑经典物理学是不是出了问题，于是有一些忠实的信徒试图寻找解释的方法，先后有了瑞利－金斯和维恩提出了不同的公式，结果是拆东墙补西墙，瑞利－金斯公式能解释长波区域，维恩公式能解释短波区域，都不够完整，就在这时一个重量级的人物出现了，他就是马克斯·普朗克。

普朗克是德国物理学家，先后在慕尼黑大学和柏林大学求学，那时候他自学了 R. 克劳修斯的《力学的热理论》这本书，打算在这个领域寻找一套适用广泛的理论。说起来，普朗克对自然科学的痴迷和他的老师有关。这位老师曾经给普朗克讲了一个十分有趣的故事：一个建筑工人费了很大力气把砖搬到屋顶上，这时他做的功没有消失只是变成了能量存储下来，屋顶上的砖就是能量，可如果突然刮起一阵风把砖头刮了下来，那就是能量被释放了。普朗克对这个故事印象深刻，本来他对音乐很感兴趣，结果被老师"安利"成了一个科学家。

从1896年开始，普朗克对热辐射进行系统的研究，最后导出了一个和实验相符合的公式，也就是黑体辐射定律，它涉及一个表达公式：$\varepsilon = hv$。ε 代表着能量，h 是普朗克常数，v 代表着简谐振子的频率。

也许有人不懂简谐振子这个概念，很简单，你找一把吉他，如果没有就找一根细线把它绷紧，然后用力弹它一下，这根细线就会重复振动起来直至停止。在它振动时产生的力量就可以被看成是质点(也是一个理想化的概念，不计尺寸大小只关乎质量)。那么，简谐振子就是特定的重复运动质点。你如果还是不能理解的话，就死盯着那根还在震颤的细线，你的视点最后会停留在振动幅度最大的一段区域，那里面跳得最欢快的点就是简谐振子。

黑体辐射定律之所以能写进量子学的教科书，关键在于它引入了"普朗克常数"，它可是现代物理学中最重要的物理常数，这可是一个高大上的概念，意味着物理学从一个丑小鸭变成了白天鹅。

在解释黑体辐射定律的时候，普朗克提出了一个重要的概念——量子。

普朗克认为，为了从理论上推导出正确的辐射公式，必须先假设物质辐射或者吸收的能量不是连续的，而是一份一份地进行的，只能取某个最小数值的整数倍，而这个最小数值就叫作量子。

量子概念的引入，帮助人们更好地理解了能量的传递过程。还是以那个吃货为例，他在吃饭（吸收能量）的过程中，其实并不是持续进食的，中途还会有停顿，而在停顿的时候还咽了口水，如果把这些动作也加进去，那么进食和吞咽的次数就符合规律了。

那么，普朗克的假设到底准不准确呢？后来人们进行了反向论证，发现只有当能量被量子化时才可能出现所谓的紫外灾难，尽管这对很多人来说一时难以接受，按照福尔摩斯的那句名言可知："排除掉所有的不可能，留下来的东西，无论你多么不愿意去相信，但它就是真相。"

不要小看普朗克的能量量子化假说，它比爱因斯坦的光电效应还要早5年。

1887年，德国物理学家赫兹发现了光电现象：某些物质内部的电子会受光照激发而逸出并形成电流，不过这个现象有点"任性"，那就是当光电流增大到某个临界值之后不再增加。这让很多科学家感到困惑，他们很想知道光电现象究竟是和光照强度有关还是和光的波长有关。直到1905年，当时只有26岁的爱因斯坦发表了《关于光的产生和转化的一个试探性观点》，他根据普朗克的量子化理论进行拓展，认为光可以看成是由携带着量子化能量的"载流子"所组成的粒子，也就是光子，所以只能跟光的频率有关。

那么，光电效应研究出来对我们有什么用呢？可以很直白地告诉你，如果我们不懂得利用这个物理学规律，就不会有今天的互联网，也没有人人都爱玩的手机和电脑，更没有把你拍得美美的单反相机，想想看，生活在这样一个世界里该有多么无聊啊！而且，我们人类对光的驾驭能力还远远不够，如果我们在光学领域再冒出几个顶尖的科学怪才，我们的生活也许会进入一个更奇幻的时代。

从爱因斯坦提出光子来看，量子概念的引入太有意义了，它把看似复杂的宏观现象用微观变化做了解释：别把光看成一条光柱，而是把它看成是不连续的粒子，你的光照再强也不能把人家连成一条光柱，光子根本不会任你摆布而是按照它们的规矩一段一段地传输，至于这个传输速度有多快，自然跟这些光子是懒惰还是勤快有关了，而这正是光的频率问题。

现在发现了吧？当能量被量子化理解时，我们的视角也发生了变化，会发现更多的解答切入点，所以量子概念的创立，等于给经典物理学的尴尬搭了一条台阶：用宏观解释不了的，我们就转入微观世界。于是，普朗克的量子化假说和爱因斯坦的光子假说都成了量子力学的基石。不少人从这一刻开始意识到：面对宇宙的终极规律，我们还是太年轻了。

2. 普朗克时间：你微微一笑其实笑了24次

在周星驰的著名电影《喜剧之王》中，星爷饰演的小龙套尹天仇因为在扮演一个怎么死都死不了的神父时影响了正常拍摄，结果被剧中的大咖娟姐质问："你知道一秒钟有多少帧画面吗？"尹天仇回答："24帧。"娟姐又问他："知道这24帧凝聚了多少工作人员的心血吗？"尹天仇自知理亏，张口结舌答不出来。

懂得一点电影常识的人都知道，在胶片时代，一秒钟可以拍摄24格画面，也就是说我们看到的连续的动态画面其实是漫画式的不连续画面，但是因为人的眼睛能够保留对画面的记忆，在上一个画面没有完全消失的时候就会看到新的画面，因此我们看到的影片是"无缝连接"的。如果你对着镜头做出一个持续一秒钟的微笑，胶片盒里就是24个微笑的画面。对于有情调的人来说，如果这24张笑脸来自喜欢的人，那该是多么优美永恒的记忆呢？不过先别遐想得太多，如果我告诉你，这24张笑脸代表着24个微笑的人，你还觉得很温馨吗？有没有一种瞬间人格分裂为24个爱笑鬼的感觉？

这可不是拍恐怖片，这涉及量子学中一个重要的概念——普朗克时间。

普朗克我们在上一节已经介绍过了，那么普朗克时间又是什么呢？别急，我们先探讨一下什么是时间。

从人类诞生那一天开始，我们每天都要和时间打交道。在我们的身上、公司、家中，甚至走过路过的店铺里，都少不了一个能够报时的钟表，这让我们觉得时间无处不在，提醒着我们即将要做的事情。的确，时间对我们来说意味着生命的孕育、成长和死亡，所以才有了"一寸光阴一寸金"的说法，也有了那么多催人泪下的青春电影，因为那代表着一去不复返的生命。很多诗人会把时间比喻成河流，我们的记忆、我们的生命都承载于这条河流之中。河流流动得越远，代表着我们的生命逝去得越多，就越容易伤感。我们对生命如此留恋，对时间如此敬畏，归根结底是因为我们无法控制时间，只能眼睁睁地看着它让我们长大、衰老直至死亡。

这是普通人对时间的理解。

在科学家看来，所谓的一天24小时，一小时60分钟，不过是人类的自我定义而已。我们可以把时间定为25个小时，一小时45分钟，但无论怎么分割，它是客观存在的。但是，这个客观又是什么力量呢？那就是宇宙。

宇宙可不像人类那么可爱，喜欢把时间做出分钟或者秒钟的设定，因为它是时间的主人。从宇宙大爆炸开始就产生了时间，不过这个时间用我们理解的概念很难解释，所以科学家们引入了一个更为精确的计算方法——普朗克时间。

普朗克时间比秒还要小，但它也不是毫秒、微秒这种概念，一秒钟包含的普朗克时间比宇宙从形成至今还要多。那么宇宙是什么时候形成的呢？根据推算是137亿年前，而一年就是3150万秒……

好了，我们不用继续算下去了，因为普朗克时间的小是我们的大脑完全无法想象的。如果你非要弄清它，可以给你一个换算结果感受一下：

1普朗克时 =0.00000000000000000000000000000000000001秒。

行了，不必去数那些零了。你只需要知道，宇宙中不存在比普朗克时间更短的时间。换个形象点的说法：宇宙大爆炸持续了不到10个普朗克时间，而宇宙从雏形到长大也不过是不到20个普朗克时间，你说这个时间会有多短？对人类来说根本察觉不到！

那么问题来了，在如此短的时间内，宇宙内的物质扩散速度是相当快的。这个"相当"也不是我们能理解的那个"相当"，直到今天宇宙还在不断地高速膨胀，速度超过了光速。

如此无法理解的普朗克时间，对人类简直不能用"烧脑"二字来形容了，这完全是藐视我们大脑的理解能力嘛！那么科学家为何还要弄出这个东西呢？难道就是为了折磨自己吗？其实，量子学家们引入普朗克时间，是为了让时间"量子化"。听到这儿你可能有点明白也有点糊涂，我们前面说过能量可以量子化，那么时间也可以吗？

答案是肯定的，时间对我们来说貌似是虚无的，其实它也是真实存在的。

我们先来看下时间的定义：时间是用来记录物质运动和能量传递的。比如一匹马在草原上狂奔，你能根据它的奔跑距离和时间测算它的速度；比如一碗吃了一半的麻辣烫，你可以根据时间推测它彻底腐败变质的那一天……那么问题来了，如果这个世界中有生命的物质不存在了，只有一个处于绝对零度环境下的电子，它的所有微观粒子也停止了运动，那么时间还能被感知到吗？

显然不能。

顺着这个假设你是不是有点"细思恐极"了呢？原来时间并不是绝对的"客观存在"，它必须有一个参考对象。开个玩笑，那些童颜常驻的逆生长女神们的时间和平凡女子能一样吗？好像也不一样。所以，我们就需要一个更准确的单位去计算时间。

有生活经验的人都知道，想要做出一个通用的测量标准，分割得越细越好。打个比方，你测量跑道用的是大卷的米尺，可测量螺丝帽就得用小型的卡尺，要制造一个既能测量跑道又能测量螺丝帽的东西，还得按照卡尺的标准来，否则就只能测跑道而没法测螺丝帽。然而，新的问题又来了，时间有没有最小值呢？

我们总是用时光流逝来形容时间，流逝的东西是水，水是连续不断的，所以我们也认为时间是一条线。可如果我们想想光电效应中的光子，就会知道看似是一道光柱的光都是不连续的，那么用量子的角度来看，时间也是粒子状的连接。所以在量子的世界里，我们可以用珍珠项链去比喻时间，它是由一个个珍珠也就是点串联而成的。

你还别不信，爱因斯坦的相对论就提出了相对时间的概念，从而否定了绝对的时间：时间会受到物质质量和运动速度等因素的影响。

既然时间不是绝对存在的，那么就很难确定它是密不可分的。那么你再仔细想想，当你微微一笑的时候，是你的脸部肌肉在持续完成微笑这个动作，其实是无数个微笑的你的叠加画面，就像电影一秒钟的24格画面一样！

这回应该不是"细思恐极"而是脊背发凉了吧？不仅是你，整个宇宙都可以看成是无数帧画面持续叠加构建的时间。当你和某个脾气暴躁的家伙动手打架时，他挥拳的瞬间其实是无数个人对着你，当然挨揍的你其实也被分裂成无数个鼻青脸肿的可怜虫。如果用普朗克时间去衡量，这个数量单位要以亿来计算！

说到这里，细心的读者也许会发现：当我们谈论时间的时候和运动脱离不了关系，如果整个世界处于绝对静止的状态中，那么时间似乎就不存在了。所以，为了更好地理解普朗克时间，我们暂且把时间和运动画上一个等号。这样一来，我们假设存在两种状态。

第一，时间（运动）是静止的。

如果时间一动不动，世界会是什么样子呢？还是请你先微笑一秒钟，产生了若干个微笑的你，他们全部处于静止状态叠加在一起，这些个微笑的你是客观存在的，只是不再运动，也就不是我们理解意义上的"活着"，而每一个微笑的你和另一个微笑的你的间隔就是1普朗克时间的长度。如果你看过一部烧脑电影《恐怖游轮》，回想在船上无数具尸体的那个镜头，你就更能理解这种叠加状态的恐怖场面了。

第二，时间不是静止的但没有运动。

如果时间可以流动但是没有任何动作，那么你微微一笑的若干个复制人就不存在了。因为他们是运动的本体，那么时间即便继续行走，但是整个世界就是黑暗一片，什么都不存在，就好像我们把底片曝光之后什么影像都消失了一样。

爱因斯坦认为，时空其实是一体的，物质存在于时空当中，时间用来计算事物的变化，没有时间，事物就不会变化，如果没有变化，时间也就没有任何意义。所以，我们在理解普朗克时间这个概念时，要把时间和运动结合在一起，这样我们才能理解时间和我们存在的意义。

听到这里，相信很多人都产生了强烈的好奇心：我们能不能去感受一下普朗克时间呢？从目前我们掌握的理论来看这很难，因为普朗克时间计算的是量子世界的时间，量子作为某种物质的最小单位是不可再分的，可我们人类的构造就复杂多了，绝对无法看成是一个量子。那么，我们能不能像蚁人那样无限缩小去理解量子呢？其实即使在电影里也提到过，人类进入量子世界本身就是很危险的，存活率并不高。因为随着我们身体的缩小，我们的身体结构、感知能力、力量等指标都会发生变化，能不能活下来都是一个未知数。如果我们拥有蚁人那样极其特殊的高科技装备，或许还能试试。不过大家也别有什么遗憾，其实量子世界的时间对我们来说很难感觉得到，因为我们佩戴的手表是计算经典物理学世界的时间的。

既然量子世界的时间和经典物理学世界的时间不同，那么可否制造出符合量子世界法则的时钟呢？

现在，已经有美国的学者提出了构想：量子时钟和普通时钟不同，不是站在一个客观的角度去计算时间，而是可以用来描述量子引力影响的特殊尺度下的物理现象。打个比方，在经典物理学世界里，时钟可以计算点燃一根火柴的时间，而量子时钟计算的是火柴磷燃烧时的化学变化。如果给量子时钟取一个更准确的名字就是"物质钟"，它由一种特殊的物质构成，但是目前并没有最适合的材料，因为当这个时钟计算的物质越微观的时候，物质会变得越稠密，会遭遇极端环境，导致这种时钟被碾碎。

如果这么解释你很难理解的话，那我们不妨想想在电影《蚁人2》中的量子领域。量子时钟如果符合那里的物质环境，必然不能从宏观世界带普通时钟过去，而且在量子理论中，空间被分割的程度存在着极限，比如现在人们认定的时空量子颗粒最小的直径是10^{-33}厘米（比原子核还要小得多得多的长度）。这时受到不确定性的影响，时间和空间会扭曲成一种复合体，比如变成了泡沫一样的东西，普通材料制作的时钟如何能正常走动呢？

当然，量子时钟目前只是一种构想，但它产生的根据也是和量子物理学的基本法则相吻合的。如果我们这些普通人不幸或者有幸进入了量子领域，对时间最好的理解方式就是忘掉它的存在。毕竟，当时间也被量子化以后，我们的三观就被彻底击溃了。当然对人类来说，时间的真相并没有完全浮出水面，也有人认为，时间是四维的存在，是我们这种三维生物完全无法理解的，就像你用笔在纸上画出的米老鼠无法理解你一样。不过，研究时间本来就是一件挺浪费时间的事，劝你还是量力而为吧。

3.知人知面不知心，海森堡也是这么想的

俗话说：知人知面不知心。生活中，我们总能遇到几个不按照套路出牌的人：他们外表看起来很和善，说话也很客气，可一到有了利益纷争的时候必定坑你没商量。于是有人说了，大奸似忠。可也有的人就是外表和善，内心柔软得像一块海绵，于是人们又说是相由心生……估计听到这里，很多人都颇有感触，不知道该信俗话还是信经验。

其实这也没什么好纠结的，我们生活的这个世界原本就充满了不确定性。等等，你以为跳进量子世界里就不受这种影响了吗？你以为量子的世界就能够解剖出人的真实内心吗？可以负责任地告诉你，量子世界的"心口不一"更严重。

20世纪20年代中期，几位欧洲的物理学家正在研究有关亚原子世界的数学理论，其中有一个聪明的天才名叫沃纳·海森堡，他关于原子世界的数学研究有了重大突破。不过，这种数学和我们理解的数学不同，我们学习的数学有章法可循，只要弄懂了公式就能解答问题，可原子世界就像一个奇葩的怪老头，你不能用常理去计算它。

海森堡认为，当我们不去测量的时候，我们根本不知道原子中电子的确切位置，它就像一个顽皮的小孩四处游走，经典物理学中总结的规律对它完全不适用。这一下可给不少科学大咖们带来了难题：到底是原来的科学先驱们犯了严重错误，还是我们这些后辈们学艺不精？

人就是这样，当一个一直认为是正确的理念遭到挑战之后，只能被迫转向一个新的方向。正如我们用传统的观念去看人时发现不准了，也只能用新的角度去做解释。最后，海森堡得出一个新的结论：在原子世界里，大家都是幽灵般的存在，只有当我们把测量设备都架起来之后才能让它们的部分运动可以被观测，但并非全部。简单说，就是设计一个实验去测量某个时间点上的电子位置，但想要设计一个单一的实验同时测量一个电子的位置和移动速度是不可能的。

听起来有点糊涂是吧？那先回到我们熟悉的经典物理学世界里，打个比方，我们认识一个渣男，总结出他的几个特点：好色、贪财、懒惰、爱撒谎、有暴力倾向。我们可以用一个美女做测试，证明他的好色，也可以用一个有钱的美女同时证明他贪财又好色，但我们无法用一个叠加了各种条件的美女去证明好色、贪财、懒惰、爱撒谎和暴力倾向等所有特征。因为当渣男使用暴力时就等于展示了他残暴的本性，他的爱撒谎的特征就被淡化了。反过来，当他好色的时候为了达到这个目的所做的一切努力又无法去验证他的懒惰。

这样做出对比之后，你是不是理解了海森堡所说的不确定性呢？不仅是你信了，从1927年开始，全世界各地的实验室中都反复证明了这个理论。直到今天，海森堡的不确定性仍然被看成是量子力学的一块基石。

海森堡的原始论证是这样的：光子在测量电子位置的同时，会将动量转移给电子，而这时的电子动量就存在不确定性。如果把电子位置测量的不确定度设定为1，而电子动量测量的不确定度是大于或等于h/1的，这里的h指的是普朗克常数，它是为了证明量子力学的内在属性，和怎么测量其实没有必然联系。

这里要纠正一个误区：我们所说的不确定性，并不是指我们的认知能力有限，所以才不确定。比如怎样鉴别一个渣男，有人会觉得渣男太会隐藏太会表演，所以才难以鉴别。其实并非如此，因为人性本身就是复杂的，我们无法排除渣男对所有女性都是三心二意的但对某一类女性忠诚度较高的情况，而这种不确定性是渣男自己都无法预知的，而这就是自然本身存在的固有属性。

量子世界的不确定性，其实在经典物理学的世界里一样会发生。

前几年，国外一个名叫 Swiked 的网友，在一个名为 Tumblr 的社交平台中分享了一条裙子的照片。本来这是一件再平常不过的事情，谁知道大家在看到裙子的照片之后，有人说是蓝黑色的，有人说是白金色的，双方互不相让，都觉得自己看到的才是最准确的。后来，网友们分成两大派对峙起来，据说有的家庭因为派系不同差点打起来。

因为闹得实在厉害，国外马上有专家进行了研究，最后分析说，裙子的颜色应该是蓝黑色。那么，为什么很多人会认为是白金色的呢？因为大部分人都会认为白色背景上的蓝色就是蓝色，不过也有些人会把黑色背景上的蓝色看成是白色，这是受到环境颜色和视觉感知的影响。能够看到蓝黑色的人证明视网膜上的视锥细胞有较高的色彩感知能力，所以能够过滤掉干扰看到最真实的颜色，而看到白金色的人的眼睛在低光条件下对色彩的感知存在偏差。

虽然这场"色彩辨识大战"以科学定论收尾，但是也引起了不少人的反思：原来我们看似生活在同一个世界，然而感受却是不一样的。的确如此，这条蓝黑色的裙子也挺委屈，本来是蓝黑色非要被说成是白金色，完全无视人家的天然"血统"，这个世界就是这么的"不确定"吗？

不确定原理，就是指观察者会影响现象的量子学规律，这和我们一般所说的某个人观察动物把动物吓跑了的"影响"是不同的，这是对事物本质的影响。

有人曾经提出过这样一个问题：你走在森林里，忽然一棵树倒了下来，由于这棵树距离你非常遥远，所以你没有听到它倒下时发出的声音，那么对这个世界来说，这棵树真的发出声音了吗？对你和其他人来说，这棵树倒下的声音你们没有听到，也就是没有被感觉到，所以在你们的世界里这棵树没有发出任何声音，这就是因为没有观察者介入而导致事情变成了未知的状态，也就存在着不确定性。

当然，量子的不确定性也让很多研究经典物理学的科学家存疑：一个无法确定的物体具有可研究的价值和意义吗？于是有人质问："看吧，你们的理论一点也不好，因为你们不能回答这样一些问题：粒子的精确位置是什么，它穿过的是哪一个孔，以及一些别的问题。"对此海森堡是这样回答的："我不用回答这样的问题，因为你们不能从实验上提出这个问题。"

海森堡这样解释不确定性，并不是理屈词穷，而是对于量子学说而言，虽然有一些概念无法直接进行检验，但没必要将它们从所有的实验分析中去除。因为量子科学不可能仅仅依靠猜想和推论来发展，总要进行一些可以得出精确结论的实验，自然"不确定性"也被包含其中，但这并不能否定整个量子学说的体系。

其实退一步说，即便是经典物理学，也不是所有东西都是确定的，只是人们把这些不确定都搁置在一边，或者看成是未来需要研究的内容。而量子科学无非是将这些挪到眼前去分析了而已，并不能证明谁对谁错。

对于量子的不确定性，爱因斯坦是这样说的：量子力学中的不确定性，源于微观事物中某种未知的机制，即存在某种"隐变量"，正是这个隐变量的存在，使得我们无法准确得知微观事物的准确数据，一旦我们掌握了隐变量的规则，那么不确定性就会消失。由此可见，爱因斯坦也没有否定量子的不确定性，只是他认为这背后还隐藏着不为人知的真相。

从另一个角度看，量子力学包含着某种哲学意义，一个是作为物理学的哲学意义，另一个是由哲学问题引发到其他领域衍生出的意义。在量子的世界里，我们根本不知道一颗粒子的本来面目是什么样的，只能用自己的认知方法去分析我们看到的粒子是什么样的，除非某一天科技更进一步，有了更准确的测量和计算方法，否则只能"唯心主义"一次了。

这么看来，海森堡的不确定性"确定"是正确的。

4. 双缝干涉实验：真的有上帝存在？

自从人类文明诞生以来，宗教就一直伴随着人类的发展而不断演化。即便是到了科技飞速发展的今天，全世界仍然有大量的人群拥有自己尊崇的宗教体系，而基督教作为影响力较大的宗教之一，让全世界人都知道了"上帝"和《圣经》的存在。到底是否存在上帝，教徒们自然是笃信不疑，而其他人则持保留或者怀疑的态度。

按照常理，人类对科学探索得越多，对宗教理当越充满怀疑，因为宗教对世界的解释并不是源于经典物理学的理论。然而事实并非如此，科学的进步似乎不能解决一些困扰我们的问题，反而会带来一些新问题，特别是对于一些超自然现象，很难用科学的逻辑进行剖析。

我们知道，"不确定性"是海森堡的核心思想之一，也是量子世界的法则之一，它让我们知道无法同时了解一个粒子的所有性质，比如测定它的位置就会干扰它的速度。这个结论听起来有些匪夷所思，难道量子世界里的各种粒子都是有生命的，而且一个个还如此"任性"，就连观察一下都会耍小脾气？为何会这样说呢？我们来了解一个得出此结论的著名实验——双缝干涉实验。

　　双缝干涉实验是一种演示光子或电子等微观物体的波动性与粒子性的实验。在实验中，科学家们竖起了只有一条狭缝的挡板，然后让光子穿过挡板。当它们穿过去的时候，会在屏幕上显示一道竖线的图案。这个很好理解，"一光对应一线"嘛，这也证明一道光对一条狭缝是不产生干涉现象的，这就好比我们面对一件商品的时候不会犯"选择困难症"一样。接下来，科学家们做了一个带有两个狭缝（距离很近）的挡板，然后让光同时穿过狭缝，结果看到的是类似于水波纹一样的条纹干涉图案，这证明了光是波。随后，科学家们把光调得再弱一点，把屏幕换成感光度很强的底片，这时光通过狭缝之后，在屏幕上显示出大量分散的点。不过，如果这束光打得时间很长的话，那么这些分散的点最后也能变成干涉条纹样的图案。所以，当实验进行到这里时似乎可以证明，光既具有波的性质，又具有粒子的性质。

　　科学家们并没有就此满足，他们开始思考一个问题：一束光穿过狭缝，光子之间肯定会存在干涉现象，那么如果让光子一个一个地通过呢？于是，科学家们让光枪每次只发射一个光子，确保前一个光子通过狭缝之后再发射第二个光子，然而意想不到的事情发生了：当大量的光子通过狭缝之后，屏幕上依然出现了干涉条纹，也就是说每个光子自己和自己产生了干涉行为！这样一来，答案似乎只有一个：每个光子同时都穿过两条狭缝所以才产生了干涉现象，但是在打到屏幕之前又重新变成了一个光子，给人的感觉像是光子知道自己要经过一条还是两条狭缝，难道它们存在意识吗？

　　这样的实验结果让科学家们想要一探究竟，于是他们在挡板前放置高速摄像机，想要弄清光子是怎样穿过狭缝的，然而更加令人毛骨悚然的事情发生了：当架设高速摄像机的时候，光子只在屏幕上打出了双线图案，证明它们是粒子；当高速摄像机被拿掉的瞬间，光子又变成了干涉图案，证明它们是波！从这个结果来看，仅仅是因为加入了摄影机这个"观察者"，光子就改变了自己的行为。

波粒二象性是量子理论中非常重要的概念之一，量子学家们一直在努力证实它是覆盖全宇宙范围的一种奇特现象，而我们这些活生生的、由粒子组成的人，理论上也在它的作用之下。换句话说，我们既可能是粒子，也可能是波。对于双缝实验，也许有的人还不太理解，那我们就换一种说法形象地描述一下。

在一栋建筑里有两个房间，你站在其中一个房间里，你的朋友站在另一个房间里，你拿起写好字的纸条朝着另一个房间的门扔过去，你的朋友捡起了纸条，知道你想请他吃饭，这时你和你朋友之间的联系就是通过粒子态来完成的，它是呈直线传播的。如果你不用纸条传递信息，而是大声对你的朋友喊"我要请你吃饭"，这时你们之间的联系就是通过声音（波）来传递的，类似于光的波动。显然，用纸条扔给朋友，他可能看不到，但是用声音呼唤朋友，他站在任何一个角落里都能听到，也就是说波的传播能力比粒子更强。需要注意的是，如果你请朋友吃饭这件事被另一个朋友知道了，他可以拿着纸条质问你为什么偏心眼不请他吃饭，但是他无法在事后拿着"声音"去质问你，除非他当时在场进行了录音。所以，波比粒子更不容易捕捉，也更诡异。

你和你朋友之间的两种联系方式，就是波粒二象性。

那么，双缝干涉实验也可以用这个比喻去解释。当我们朝着两道狭缝发射一束光的时候，屏幕会出现明暗相间的干涉条纹，如果一个一个地发射光子也会出现干涉条纹，这就如同你朝着对面房间的墙壁喊话，你的朋友是可以听到的，因为波可以穿过或者绕过墙壁。可如果你对面房间的墙壁变成了两道门，你朝着中间隔断的墙面不停地、按照次序地扔出纸团，按理说这些纸团都会被隔断的墙面挡住，你的朋友也没法知道你要请他吃饭，然而实验的结果却是很多纸团穿过墙壁落在了你朋友的面前，也就是纸团自己和自己干涉变成了波状的纸团，完全无视隔断墙面的存在，这就让人匪夷所思了。

为了探寻答案，你和你的朋友就在两个房间装上了摄像头，看看纸团究竟是怎样穿过墙壁飞过去的，结果纸条又恢复了粒子的属性只能砸在墙上无法穿过去，你也就无从得知它刚才是怎么从纸团（粒子）变成声音（波）的。

这样解释你应该明白了吧？那么你是不是觉得这个实验万分诡异呢？

对于双缝干涉实验的结果，海森堡给出的解释是：当我们通过位置测量了解哪个粒子从哪个缝隙穿过时，就会给粒子的速度带来一个随机的干扰，导致干涉的条纹可见度下降。虽然做出了解释，但为什么会发生这种变化我们并没有从根本上搞清楚。

多少年来，科学界对双缝干涉实验的结果和原因一直存在争议。大部分量子物理学家认为，我们并不需要进行这样的位置测量来找出粒子穿过的是哪条狭缝；也有量子物理学家认为，导致干涉图样消失并非是海森堡所说的不确定性原理，而是其他因素影响的，可究竟是什么因素，也没有人能说出个所以然来。

20世纪90年代，曾经有量子物理学家对量子的不确定性进行实验论证，结果再次让人大吃一惊：在不明显干扰粒子的前提下，以非常精确的位置识别了粒子通过双缝中的其中一个。

莫非一直被尊为大师的海森堡错了吗？

为此，现代量子物理学家们又进行了实验去验证，目的是探测究竟是哪个粒子穿过了狭缝，结果发现还是会被干扰。后来，大家找出了答案：两个实验虽然结果相反，其实还是"一家人"，因为一个实验证明的是经典层面的动量传递，另一个证明的是量子领域的传递，而海森堡所指的也是量子领域，这就证明他的不确定性并没有被推翻。

对于这个问题我们再形象地比喻一下。你和你的朋友为了弄清纸团是怎么变成声音的，就找来一个专家重新架设摄像机，结果这一次清晰地拍摄到了真相：纸团在飞行中绕过隔断墙面最后落在你朋友面前，似乎解释出了纸团是通过"自主飞行"变成声音的，但仔细想想，纸团为什么会违反常规地飞行，这并没有解释清楚，只是从宏观地角度描述了纸团变成声音的过程，所以这个"不确定性"依旧存在。

前几年，中国的科学家们也进行了类似的实验，重建光子在双缝实验中的轨迹得出了动量传递的分布图。他们通过两个狭缝中的很多不同的起点重建光子运动，再对比有测量装置和没有测量装置下的速度随时间的变化，结果发现速度的变化不是在测量光子通过哪个狭缝中出现的，而是被延迟到了光子穿过狭缝之后，这是因为光子也是波。

总而言之，无论从什么角度进行实验，光子和电子的不确定性始终存在，无非是发生时间存在着早晚之别，或者是形式上有些许不同。这样一来，双缝干涉遗留给我们的巨大问号还是悬而未解。

上帝是否真的存在？我们生活的世界之外是否存在着一种更为强大的力量在操控着我们？或许在现阶段我们无法破解这些难题，但是随着科学技术的进步，相信我们迟早会解开这些谜题的。当然，技术并非能打开所有谜团的钥匙，有时候发现真相的关键在于我们是否愿意改变思维方式，因为这代表着我们是否愿意以一个全新的视角看待自己曾经熟知的世界。

5.爱是一道光？爱是波函数

有不少人喜欢看有关战争的历史故事或者影视作品，因为里面有壮观震撼的战斗场面，也有可歌可泣的英雄事迹。其实，在量子科学的世界里也常年充满"战争"，而且还是精彩纷呈的连续剧，一打就长达几百年，其中最著名的就是"波粒战争"。

好了，别翻字典了。世界上目前还没有叫作"波"和"粒"的国家，它们其实指的是，光是粒子还是波这个问题。有人可能会觉得很滑稽，光不就是波吗？这只是大众认识的角度，其实科学界关于这个问题争论了300年的时间，也成为量子力学的发展线索之一。

导致历史上第一次"波粒战争"爆发的导火索是波义耳，他提出：颜色不是物体本身的属性，而是光照后的效果。这一论调虽然并没有关系到微粒和波动，但却引起了对颜色属性的激烈争辩。1672年，年仅29岁的牛顿讲述了著名的三棱镜分光实验：怎样将一束太阳光折射成一道彩虹。估计在一些女孩子眼里，这个实验很有罗曼蒂克的味道，不过在牛顿眼里这可是一个大发现，他认为光是一种微粒，白色的阳光是由多种彩色的光的微粒组成的。

牛顿提出的理论惹恼了英国皇家科学会的老派学者，他们认为光明明是波动的，怎么可能是微粒呢？这一次争论持续了长达30年的时间，直到1704年，牛顿出版了《光学》，他从波动说中汲取养分，把波动说中的"震动""周期"等理论引入粒子论，对粒子学说进行了补充。牛顿用微粒学说解释了很多光学现象，他告诉反对派一个无可辩驳的事实：如果光是波的话，那么它应该像声波一样在遇到障碍物的时候不会产生影子，然而事实上光是可以被干涉出影子的。

直到量子学科建立和发展以后，相信大家都能理解了，光是一种粒子，同时也具有波的属性，这是由"波粒二象性"决定的。

所谓"波粒二象性"，指的是所有的粒子或量子不但能够部分地以粒子的术语来描述，同样也能用波的术语来描述，这是在量子科学建立以后对经典物理学的重大颠覆。那么，既然光可以看成是粒子，这些粒子平时都是如何进行"自由活动"的呢？

量子理论有一个出发点，那就是波函数，它描述了粒子的所有可能状态。打个比方，你现在来到一片空旷的草原上，天空中突然飘过来一片巨大的雷雨云，云彩越黑代表着水蒸气和灰尘的浓度越大，暴风雨的概率就越高，而波函数就相当于这片雷雨云的颜色深浅程度。

波函数表达的是微观世界粒子的状态。如果在某个点上的波函数忽然增大，那就意味着这个地方的粒子越活跃，你就越容易找到它，就像在捉迷藏的时候，忍不住发笑的小朋友最容易被找到一样。

为什么要叫作"波函数"呢？因为首先和波动有关。

波动是一种常见的物理现象，我们拿起一颗石子扔进池塘里会泛出水波，我们大喊一声会产生声波，这种现象很常见。在了解了量子的基本概念之后，我们也知道波动虽然是整体式的运动，但在微观世界里仍然是呈点状分布的，可如果单独研究一个点的质量、速度等因素，我们根本无法认清波动的过程，所以才需要总结出一个关于波的公式，那就是波函数。

相信有的人能理解"波"的概念，毕竟它可以让我们产生形象的理解，可是对"函数"两个字却比较敏感，认为这是一个抽象的数学概念，跟我们的生活貌似也没什么关系啊？其实还是有关系的，当我们躺在床上的时候，我们就具有了波函数，说到这里你肯定上下打量着自己，琢磨着这波函数到底是什么样子。打个比方，如果我们是一部手机，那么波函数就是从我们身上发出的信号，它代表着我们这颗"粒子"呈现出的状态，可以是运动的，也可以是静止的。在地球上能搜索到你的"信号"，在宇宙其他地方也能，只不过存在着强弱之差而已。

当然，你的身上发出的波函数，如果要比较浓度的话，肯定距离你越近的地方分布越多，而飘向宇宙的肯定十分稀少。好了，现在换一个角度，有个暗恋你很久的人满宇宙寻找你的身影，忽然他在土星附近发现了你发出的波函数信号，接着又在月球附近发现了你发出的波函数信号，一对比浓度就知道：月球附近的气息更为浓烈，接着他顺着这股为之迷恋的味道来到了地球，找到了你。我们把这个过程简化一下就能得出结论：你在床上的可能性无穷大，在宇宙其他地方的可能性无穷小。

那么问题来了，我们生活的宇宙大部分物质都是由粒子构成的，那么我们是不是可以把整个宇宙都看成是一个超级大的粒子呢？当然可以。那么宇宙也就有了自己的波函数，它也会散布出来，甚至散布到我们目前还没有发现以及完全无法理解的空间里。

当然，关于宇宙波函数目前还是处于假想状态，我们只需要知道，我们理解的这个宇宙中的波函数是无穷大的，而未知的领域是无穷小的，反过来看，除了我们认识的这个宇宙以外，也可能存在着平行宇宙，只是概率小了很多。

既然波函数是一个概念，那么它代表的是什么呢？速度还是能量？准确地说，波函数具有"空间—动量"和"时间—能量"的对偶分布，简单说就是符合海森堡的不确定性原理。打个比方，我们把波函数看成是一个暴力分子，他因为你抢了他的珍珠奶茶打算揍你，那么有两种情况：第一，这个家伙积攒一个力量值准备揍你，但是揍哪里都无所谓，那么你身上的任何部分都可能被打，这就产生了"非定域的全空间分布"；第二，这个家伙只准备揍你身上的某个固定位置，比如肚子，但是力量无所谓，或者让你后退半步或者只是拍拍你的肚皮，这就产生了"动量的无限分布"。

现在来看看，那些相爱的人为什么总是要死要活的呢？因为他们天天打电话，一天恨不得24个小时都在一起，心里惦记着对方，就连说梦话也可能喊着对方的名字……让我们用刚才的思维重新梳理一下：如胶似漆的两个人，是不是可以像宇宙那样看成一个被整合的粒子呢？那么，这对情侣身上也会表现出波函数。

接下来的状况就更有意思了。既然波函数符合海森堡的不确定性，我们就可以把这对情侣的爱恨纠葛看成是"空间—动量"和"时间—能量"两个部分：当男人想要好好爱另一个人的时候，他不在意爱的方法只在意爱的力量，结果爱的只是这个女人的容貌却不看重人家的内涵，这就产生了"非定域的全空间分布"，你说这个女人会觉得男人是真爱自己吗？当女人只想着爱男人那颗充满童趣的心时，却没有掌握好力度变成了超级伟大的母爱，这就变成了"动量的无限分布"，这个男人还能接受得了吗？

所以，人类的爱情故事经常陷入纠结，就是因为波函数的不确定性，瞄准了方向却失去了力道，掌控了力道却打偏了。而且尴尬的是，方向和力量往往只能占一个，这就导致想要分手的时候忍不住琢磨"其实他对我也挺好的，就是方法不对"或者是"她这么对我我很开心，可我不知道她爱得到底有多深"，最后就是分也分不了，爱又爱得有瑕疵。

那么，有人会问，既然有波函数发生作用，相爱的人怎么最后还是分手了呢？

我们知道，"空间—动量"和"时间—能量"是不确定的，说不准会产生什么结果。打个比方，当男人想要好好爱另一个人的时候，他不在意爱的方法只在意爱的力量，结果爱得太大劲了变成了爱屋及乌，爱上了女人的闺密，造成了一种最糟糕的"非定域的全空间分布"，你说女人能原谅他吗？十有八九会分手。就算脾气好能容忍，可男人为了好好表现，又继续示爱，结果送了一份让女人特别讨厌的礼物，于是两人就彻底分手了，这就是一连串的负面不确定性造成的结果。那么，男女分手之后，他们很难再看成是一个整体了，于是就从一个波函数变成了两个波函数。这样一来，他们原本共用的数值就被打乱重新分配，想要破镜重圆的概率就大大降低了。

在了解了波函数之后，希望我们都能在狂热地爱上一个人以后，还保持着应有的理性，否则爱很可能会像一道光那样，虽然发射出耀眼的光芒，却在不经意间溜走了。

6.曼哈顿计划：量子是魔鬼还是天使

"核裂变时，没有一个中子觉得自己有责任。"

这句话听起来是不是有点耳熟？的确，它的原版来自法国启蒙思想家伏尔泰说过的一句话："雪崩的时候，没有一片雪花觉得自己有责任。"这句话如今成了网络上的一句流传甚广的名言，用在铀核裂变上也是如此的贴切。

1942年6月，美国的陆军部开始实施利用核裂变反应来研制原子弹的计划，也被称为"曼哈顿计划"，这个计划集中了当时西方国家最优秀的核科学家，历时3年耗资20亿美元，终于在1945年7月16日成功地进行了全球第一次核爆炸。有点历史常识的人都知道，曼哈顿计划促进了第二次世界大战后系统工程的发展。核武器的出现，虽然以最快速度结束了第二次世界大战，但是也给人类的文明蒙上了一层阴影。

20世纪30年代初，很多科学家通过爱因斯坦的著名方程"$E=mc^2$"，终于发现在原子中隐藏着巨大的能量，就好像是一根弹力超强的弹簧被极限挤压，产生了难以估量的势能。不过也有一些科学家对此并不在意，他们认为通过破碎原子产生能量是一种妄想。

1939年，物理学家玻尔来到美国，有人问他铀裂变时为何会同时放出高能量的快中子和低能量的慢中子，这个问题让玻尔一行人一时难以回答。在和约翰·惠勒交谈后，玻尔突然意识到，慢中子可能来自铀-235，快中子可能来自铀-238，于是玻尔和惠勒合写了两篇论文，第一篇发表于1939年9月1日。

在量子学的理论体系中，所有的事情都与"或然性"有关。玻尔和惠勒认为，一个中子击碎铀核有可能释放两个或更多的中子，这些中子又使更多的铀核裂变并释放更多的中子。如此下去，将触发能毁灭一座城市的能量。

有意思的是，科学家们并不能确定哪个中子能够导致铀核裂变，但是可以精确地计算出一枚原子弹中几十亿个铀原子裂变的概率，这就是量子力学的威力。

原子弹的理论基础离不开一个计算体系，那就是链式反应。它的意思是，一个铀-235的原子在被中子击中以后会产生分裂，这个过程中会不断释放能量，而分裂出的中子会继续撞击附近的原子核，再把它们也一一打碎，周而复始。

在当时的科学家们看来，链式反应能否被控制是一个未知数，人们都担心会超出预估的范围，那样一来爆炸波及的范围很可能会扩大。后来，人们终于确定核能是的确存在的，它会通过链式反应生成大量的能量，但是原子弹对铀的浓度要求较高，普通的铀-238无法完成，必须使用浓度更高的铀-235。除了裂变物质，原子弹爆炸还需要减速剂，这样才能控制中子的快慢速度，因为这对核裂变的结果非常重要，如果中子速度太快就不容易被原子核俘获，无法保证链式反应进行下去，这就好比天生一对的两个情侣坐着火箭擦肩而过，连一见钟情的时间都没有，所以才需要减速剂。

正是因为进行了这种科学的推论，玻尔等人才得知，铀核裂变所产生的巨大能力是可以被利用的，这就成为制造原子武器的理论依据，他们把这一类超级武器称为原子弹。之后，玻尔和惠勒等人开始讨论原子弹的制造前景，玻尔认为制造原子弹会消耗整个国家的资源。

当时，纳粹德国也知道铀原子能够释放巨大能量的事情，他们马上让海森堡为希特勒制造原子弹。几乎在一夜之间，人们都开始讨论铀核裂变的量子概率，不过此时已经不是纯粹科学意义上的探讨了，而是关乎人类未来和世界命运的大事件，甚至不少人都放弃了讨论"薛定谔的猫"这样的重大难题，而是将注意力放在铀核裂变的量子概率上。

然而海森堡计算核材料的临界质量时，误以为完成一次核爆炸，链式反应要进行80次左右，所以铀-235的原子必须为足量核，这样计算起来就需要一个临界质量，即纯铀-235需要达到一定重量。

那么，什么是临界质量呢？我们刚才解释了，在链式反应中会有很多中子去撞击原子核然后产生更多的中子并持续撞击，这个反应存在一个条件，那就是中子的周围有足够多的铀-235原子才能产生更大的能量，而这些原子的总质量就是临界质量。经过推断，海森堡认为一颗原子弹需要14吨铀-235。尽管当时德国的铀含量是世界第一，不过要提纯出这么大的量并不容易，这导致研究陷入了停顿，甚至认为美国试验成功只是虚张声势，直到后来才接受了现实：美国人只用了60千克的铀-235就制造出了原子弹。

在海森堡去世后，他研究原子弹的资料被当成机密文件保存起来，后来人们发现其中有几个参数是错误的，幸好没有研究成功。不过也有人认为，也许是海森堡故意弄错一个参数，当然这其中的真相就不得而知了。

1942年，美国在物理学家恩里克·费米的主导下建立了一支开发原子弹的精英团队，约翰·惠勒加入了这个阵营，他们建造的第一座试验性石墨核反应堆成功达到了临界值。至此，原子弹这种威力无穷的武器终于掌握在当时代表正义的一方手里。1945年8月6日和9日，日本的广岛和长崎被先后扔下了两颗原子弹，直接导致了日本的无条件投降。

原子弹的出现，让人们认识到了量子世界中隐藏的巨大能量，它拥有着可以改变世界历史发展进程的能力，对我们一直习以为常的经典物理学世界也造成了严重的冲击。不过，核武器并非只会杀人和毁坏环境，"二战"后诞生的核能也逐渐成为一种强大的新能源，只要人类掌握驾驭它的方法，还是利大于弊的。

7.穿越回去买彩票，你可能大祸临头

　　看过《超时空同居》这部电影的朋友，相信对故事中的一段情节记忆深刻：由佟丽娅饰演的谷小焦和雷佳音饰演的陆鸣"穷则思变"，他们查阅到图书馆中记录的彩票中奖号码，然后利用能穿越到20年前的门回到过去买彩票，本以为会摇身一变成为富翁，结果在中奖号码公布的当天，他们手中的彩票号码竟然神奇地消失了，整个世界也发生了震颤……他们这才知道，买彩票这种重大的触发事件会影响历史的发展，必然会遭到惩罚。

　　虽然这个情节有些第三方操纵的意思，不过也从很多穿越的科学假设中借鉴了一种思路：胡乱在时间线上行走，很可能会给世界带来灾难。关于这个设定，电影《复仇者联盟4》中也作了交代：失去无限宝石的现实会衍生出新的时间线，必须将无限宝石再送回其原本的时间线才可以避免灾难的发生。

　　时间机器，是科幻小说中常见的故事题材，也是很多人的梦想。特别是在量子学说建立之后，我们对时间有了全新的认识，于是乎一些科学狂人和穿越爱好者们又抑制不住心中的冲动，打算造出这么一部机器或者通过其他方式穿越到过去或者未来。

现在大家也都知道了，量子力学是现代科学中技术含量较高的科学，它具有可以改变未来世界的能力，而时间旅行则是最吸引人也是最直接的改变方法。那么，在量子的世界里，到底是否能穿越时空或进入平行世界呢？

在电影《蚁人》上映以后，不少人开始关注量子领域的穿越问题，人们对这个神秘的领域存在着强烈的好奇心。事实上，量子领域不仅包含着空间缝隙还包含着时间维度，因此蚁人才能在灭霸的响指下躲过一劫，于是不少人都十分好奇量子世界究竟隐藏着何种秘密。

过去，我们一直猜想，量子世界是微观的极致。只要将我们生活的宏观世界无限放大，就会进入量子世界。在量子世界中，我们能够看到时间和空间的缝隙，只要穿过这些缝隙，就能进行时空穿梭。不过随着近代物理学的发展，也有一些科学家认为，量子世界和宏观世界理论上是被隔绝开的，所以外面的世界发生了什么都不会影响到微观世界，这就意味着存在平行宇宙的可能。

在微观世界中，一切都由概率事件组成，状态是不稳定的。量子空间的壁垒和组织结构一直处于撕裂和缝合并存的状态中，只要我们足够小，就可以通过撕裂的组织结构的缝隙进入平行世界。

我们的过去会影响我们的现在，我们的现在会改变我们的未来。假设时间如同空间一样，未来是否也能影响过去和现在呢？根据一些科学家的推测，这种可能是存在的。美国的科学家进行了一系列的新试验，探索单一粒子的量子学特性，这个粒子拥有一个未知的状态，因为测量本身就会让粒子崩溃。华盛顿大学的教授经过研究发现，当人们知道一个粒子的未来结果之后，它过去的状态也会发生改变。

当然，在宏观世界目前还没有证明这种现象，但是物理学家们已经研制出可以测量量子力学特性的设备，从而确定量子世界是否存在着这种情况。人们借助这种设备观察处于两个不同演化阶段的粒子的量子态，依靠一个电路放入微波盒，通过测量量子态，一些光子被送进微波盒，它们的量子场和电路发生交互作用，而当光子离开盒子以后就携带着有关量子系统的信息。

每次启动试验让量子形成两种状态的叠加之后，再进行一次强测量但隐藏结果，然后继续对这个系统进行弱测量，然后再尝试对隐藏的结果进行预测。如同推断一个谋杀案件一样，如果倒推时间计算，那么这个系统处于特定状态的可能性只有一半。有意思的是，你还可以通过因果矩阵再顺推时间计算，相当于预测一个人会不会成为凶手，这说明量子世界是双向的活动轨迹，而我们生活的宏观世界只能顺着时间移动。

打个比方，你走出家门正准备锁门的时候忽然发现钥匙不见了，在宏观世界里，钥匙只能存放在被你遗忘的某个地方，而在量子世界里，钥匙可以存放在任何一个空间里，这是受到量子的不确定性的影响，这种不确定性也会影响事件的发展。简单说，量子世界的时间是双向的，宏观世界的时间是单向的，双向意味着我们可以开车掉头，而单向意味着只能朝一个方向走，强行掉头就会遭到严厉的惩罚！

那么，时间领域的单向和双向，究竟对我们人类有何种不同的意义呢？想想看，我们一直在探索时间的意义，在传统的观念中，时间是单向的、不可逆的，然而在量子的世界里，时间是不存在过去和未来的。

普朗克认为，时间只有"现在"这个概念，根本不存在过去和未来。

这么一说怕是很多人又不懂了，我们经历过的事情不算是过去吗？算，但是它和时间一点关系都没有，它只代表着回忆。我们每消耗一分钟一秒钟都是将经历的时间远远丢在身后，留下的只有记忆而已，那么这些被消耗的时间可以理解为消亡在量子的空间里而不是我们生活的经典物理学世界。

如果你无法理解普朗克的这个结论，我们再联想一下看过的那些科幻电影中的时间旅行机器，如果可以成真，那我们是否可以回到过去买彩票呢？当然了，既然能回到过去，那怎么又存在"过去"呢？因为当你回到过去的时候，过去已经变成了现在，所以这也从另一个角度证明了普朗克说的一点没错。

那么现在回到最初的问题，如果穿越到可以买彩票的那个时间点里，我们可以买到彩票然后等着中大奖，可未来的那个你呢？他会因为你的穿越而造成了节点的混乱，甚至可能会失踪。那对你来说是没什么影响，可你身边的人就要倒霉了。比如你的一个脾气很暴躁的老板刚刚大骂你一顿然后你气得穿越回去买彩票了，结果消失了。你的家人报了警，警察经过调查发现最后和你接触过的是骂得你狗血淋头的老板，然后你的老板就摊上了大事……这么一来，很多人是不是就跟着你无辜遭殃了呢？

需要注意的是，穿越时空也是需要能量的，如果你的能量消耗在了你穿越的那个时间点上，你就很可能就回不去了。正如我们所举的例子那样，你的消失会带来一连串的"社会问题"，很可能会闯下大祸。既然穿越如此刺激，你还想要体验一次吗？

第二章

量子和宇宙不得不说的事

1.掉进黑洞怎么破? 用量子纠缠救人

我们生活的宇宙,浩瀚无边,如同一个成员众多的大家庭,里面有规规矩矩的孩子,也有调皮捣蛋的孩子。像很多小行星,围绕着行星或者恒星旋转,就是守规矩的乖孩子;可还有一种叫作黑洞的星体,既不听话,又有点可怕。

一提起黑洞,我们都会联想起一个黑乎乎的、巨大的、能够将万物吸进去的可怕东西。的确,黑洞知名度如此之高,是因为它是天文学家们普遍关注的一种神秘天体。如果我们有幸在太空中当一回驴友,恐怕见到黑洞的第一反应就是赶快闪人。为什么呢? 因为它的引力非常强大!

黑洞的引力大到什么程度呢? 如果是一束光从黑洞身边经过都会被迅速吸进去。现在我们可以基本认定,黑洞是一个密度无限大而且还无限扭曲的奇点,它相当于一台巨大的宇宙级"垃圾压缩机"。想象力丰富的朋友,可能会在脑子里蹦出一个问题:如果人类掉进黑洞会是什么样子呢?

目前的理论认为,人如果接近黑洞,最有可能发生的情况就是会被无限拉长,就像是拉面一样,所以,为了避免变成面条,我们还是珍爱生命远离黑洞吧。

当然，也有人会说，人进入黑洞以后一切就都消失了，好比黑洞吞噬了你的一切信息，比如身份证明、学历证明、婚姻证明等，不过也有人提出反对意见，认为有一种力量可以保留我们的信息，那就是量子科学。

在量子科学建立以后，很多人认为，宇宙中存在的信息是不可能被丢失的，就像人死了以后无论怎样处理，都会留下生前构成他的物质存在，那么被黑洞吞噬的物体也是如此，它们虽然看起来是消失了，其实不过是隐藏了。打个比方，你删除了电脑中的一个文件，又清空了垃圾箱，你以为它彻底消失了吗？不！在专业的信息恢复软件和技术人员的操作下，这个文件完全有被复原的可能，而量子力学就能够恢复黑洞中被隐藏的信息。

美国马里兰大学的研究团队做过这样的推断：黑洞中吞噬的信息，很可能隐藏在亚原子中，也就是比原子还要小得多得多的粒子中，这些粒子自然是非常微小的，连黑洞也拿它没有办法。为此，这个研究团队建立了一个简单的黑洞模型，演示出了黑洞吞噬物质信息的过程，初步推测出这些信息只不过是被量子扰乱了，如同一幅几万块的拼图被拆散一样，虽然重新拼起十分有难度，但并非真的不可能，因为每一块拼图都和相邻的拼图产生过"量子纠缠"。也就是说，可以让它们自己呼喊着"邻居"过来，就能高效率地拼好！

那么量子纠缠是什么呢？我们在以后会专门讲解这个概念，在这里我们就简单说明一下：它是发生在两个量子之间的一种特殊感应，也就是A量子打了个喷嚏，B量子也跟着打了个喷嚏，利用这种感应可以完成信息的传递——"我打完了喷嚏，该你了！"

现在懂了吧？无论黑洞怎样处理被吸进来的物质和能量，它都无法彻底毁掉曾经纠缠过的量子，而这就是我们复原信息的关键。当然，这是一项需要超强计算能力的工作，正好，人类现在拥有了功能强大的量子计算机（我们以后会专门介绍），国外有物理学家已经用它开始模拟黑洞内部的信息乱序，预示着我们在未来可以通过量子计算机帮助量子"恢复记忆"，复原黑洞吸收那些物质和能量的全过程。从这个角度看，量子科学又一次颠覆了经典物理学的认识：黑洞内的信息并没有真正消失！

可是，一个新的问题又来了：如果借助量子力学可以恢复信息，那我们要去哪儿搞到这些信息呢？答案只有一个：去黑洞里面找！

想必很多人听到这里都傻了：黑洞不是能吸走一切吗？有去无回怎么研究？不要忘了，我们刚才提到一个概念——量子纠缠。

科学家们经过研究发现，量子纠缠的速度远远超过光速，也就是在宇宙中的任何角落里，A量子打喷嚏都能被远在另一端的B量子感应到，既然如此，量子纠缠就不会像光那样可怜巴巴地被黑洞吸走了，因为人家速度快，黑洞捕捉不到它，它就可以在黑洞中的任何地方自由穿梭，当然这只是第一步。

第二步，在量子纠缠旁若无人地参观黑洞里的景象时，可以通过量子通信技术（以后会介绍）把信息传递出去，就好像我们用深海无人潜艇探测海底时同步发回视频信号一样，这样一来，我们对黑洞这个不乖的孩子就有了更深入的了解了……不过先等等，这里面存在着一个问题。

要知道，量子通信技术本质上还是遵循经典物理学认识的，也就是说它的传播介质还是电磁波，而电磁波也是会被黑洞吸走的，我们就无法通过它获知黑洞里面的情况。也许有人会问，为什么不直接利用量子纠缠来传递信息呢？这很难做到。打个比方，我们选一对产生了纠缠关系的量子（通常会选用光子），一个放在地球用来感应，另一个放进黑洞里用来观测，那么因为它是光子，最高速度也无法超越光速，还是会被黑洞吸走的，而我们所说的纠缠速度只是感应速度。

不过，量子纠缠还是有着无穷威力的。假如，有一天你很不幸地掉入黑洞以后，没发生时间穿越的事情，而是被黑洞不断地拉扯着，这时候你也别害怕，你可以祈祷在这个宇宙中还存在着一个高度发达的文明，它能够缩放这个区域的宇宙，把黑洞吞噬在里面的东西一个个释放出来，就相当于重新复制了一个黑洞。等等，你以为你这时候已经死了是吧？别那么悲观，因为在黑洞的世界里是没有生物学上的"死亡"定义的，你只不过是被一个塑封袋保存住了，当那个复制的黑洞造好之后，它会和吞噬你的黑洞发生量子纠缠，就能把有关你的全部信息一点一点地释放出来，这样你就像是一幅被打乱的拼图重新复制拼好一样，还会保持年轻！

需要提醒一句，有科学家发出警告：掉进黑洞的实验存在风险，请不要轻易尝试！毕竟，我们现在还没有掌握驾驭量子纠缠的能力，不过随着量子力学的发展，相信这个难题会被攻破的，那时候，我们自由出入黑洞就不再是幻想了。

2. 不必自卑，你就是宇宙的中心

在学生时代，我们就知道有一个外国大叔因为否定了地球中心说而被宗教裁判所活活烧死，这个人就是布鲁诺。在那个时代，人类的天文学知识仅仅是刚起步的阶段，加上神学思想的影响，我们会很自大地认为地球是宇宙的中心，至于太阳、月亮乃至其他千千万万被发现或者未被发现的星体，都是围绕着我们来转的。当文艺复兴时代被启蒙运动、工业革命取代之后，我们对宇宙的认识越来越深刻，终于意识到浩瀚的宇宙当中，地球无论是从大小还是从质量来看，都简直如同灰尘一般。回首过去，我们不得不承认，人类就是一群自大傲慢的家伙。

抛开天文学不谈，"傲慢自大"作为一种性格标签，也广泛存在于各类人群之中。这种人把自己当成世界的中心，当然这个世界远没地球那么大，无非是他所生活的圈子。这种以自我为中心的人总会觉得，别人生来就欠他的，就该为他付出一切，所以又自恋又自卑……可如果有人说，这种以自我为中心的观念并没有错的话，你会不会有打人的冲动呢？

别急，支持这种观念的人未必是自大狂，他们只是了解量子学说的人。

在人类文明进入20世纪之前，无论是地球中心说还是人类中心说早就被打入冷宫当中，然而量子学说诞生之后，经典物理学面临着崩塌的可能，而一些早已被废弃的学说却又从死刑改判为缓期执行。不少科学家们忽然意识到，曾经被我们万般唾弃的地球中心说，似乎并没有错。

这到底是怎么一回事呢？

在经典物理学时代，我们定义一个物体只需要知道它的位置和速度，就可以预测它的未来，这也是牛顿经典宇宙的核心，比如预测行星的轨道变化。然而在量子的世界里，一切都是随机的，这就是我们在前面提到的"不确定性"。这种新的认知的产生，也改变了我们对物质的计算方法，从牛顿定律转移到了薛定谔方程。

毫无疑问，薛定谔是20世纪最伟大也是最饱受争议的物理学家之一，他的"薛定谔的猫"为量子学的发展打开了一扇新的大门。当然，最受争议的是，一个物体同时可以存在多种状态也可以同时出现在多个地方，这在经典物理学的世界里难以想象。

由此，我们需要了解一个新的概念——波函数坍缩。

波函数我们之前讲过了，是量子力学中描写微观粒子多种可能状态的函数。波函数坍缩，就意味着多种可能性变成了唯一性。打个比方，你生日那天，你的朋友们带着一堆礼物来到你的家里，在你打开礼物之前存在着多种可能性：礼物可能是一双运动鞋，也可能是一部相机，还可能是一张电影票……然而当你拆开礼物的一瞬间，这种可能性就变成了唯一性：原来礼物是一个骨瓷杯子，这就是波函数坍缩。

回到量子的世界里，当我们认为粒子可以同时存在于多个地点时，这是因为我们没有进行观测，而如果它正在被观测，它的波函数就处于坍缩的状态。因此，如果我们看到了某个粒子，那它就会瞬间在某个地方出现，而不是同时存在于多个地方，这时的波函数坍缩，其实就是回归了经典物理学所能解释的范畴。

那么，波函数坍缩和地球中心论有什么关系呢？

首先，因为波函数存在无限种可能，那么我们生活的宇宙也就是处于不确定的状态中。换句话说，当你按照自己的观测结果给宇宙画了3D地图时，在你放下图纸的一瞬间，宇宙又调皮地变幻成另外一种可能完全不同的3D地图，你是不是觉得有种被愚弄的感觉？没错，和你一样感到不爽的还有爱因斯坦，他拒绝接受这个推论，所以才说了那句著名的话："上帝是不会掷骰子的。"不过，爱因斯坦似乎也没有拿出足够具有说服力的证据否定这种不确定性。

其次，如果宇宙处于不确定的状态中，那么我们人类被看成是一个可以自主思考、主动发现的整体时，我们自身是确定的，就像你现在看这本书，要么在家里，要么在学校，要么在某个公共场所，总之你绝不会问"我是谁，我在哪里"这种问题。

最后，量子力学的奠基人玻尔说过：没有观测，就没有真实。这句话听起来有些莫名其妙，可如果我们把前两个原因结合在一起，就能得出这样的结论：

宇宙是不确定的/人类（地球）是确定的/不观测宇宙就没有真实的宇宙（没有观测就没有真实），把这一长串啰唆的话提炼一下就是"只有人类在观测时宇宙才真实地呈现"。

也许有人听到这里忍不住惊呼：这不是又把人类和地球推到了

宇宙中心的位置上吗？

是的，我们要的就是这个推论。

曾几何时，我们蜷缩在宇宙的角落里，观察着浩瀚无尽的星辰，意识到自己的渺小和短暂，我们变得自卑起来：已知体积最大的恒星——盾牌座UY，相当于太阳的45亿～60亿倍（因测量方法不同，存在争议），而太阳的体积是地球的130万倍……如此悬殊的对比之下，地球在宇宙中的存在感已经不能用"渺小的灰尘"来形容了，人类和地球的尊严已经被"践踏"得体无完肤。不过，在量子力学的加持之下，我们今天可以大胆地高呼一声：没有人类，就不会有宇宙的存在。

实际上，当我们对量子理论研究得越发深入的时候，我们人类的意识在宇宙中所能发挥的作用就越强。因为波函数是从电子世界蔓延到宇宙空间而无处不在的，这个宇宙无论有多么巨大、多么超出人类的想象，它都必须服从量子理论的规律，所以波函数一旦坍缩，宇宙就会在人类的观测之下老老实实地固定下来。这样的话，某个角度上说，我们的意志就决定了万事万物和整个宇宙的走向，这一切，都是缘起于我们人类这种智慧生物的存在，所以我们的宇宙才会有这样一个开端和后续的发展。即便宇宙中存在着外星人，但它们的存在依然不会干涉我们认识的这个宇宙。

如果没有人类，就没有人去定义星系，也没有人去发现电子，宇宙因为人类而存在，没有人类的宇宙就没有任何意义，所以人类才是宇宙的中心。似乎从这个角度看，我们每个人都相当于一个地球，我们的存在才决定了我们认识的这个世界，我们生命消逝的一瞬间，这个世界对我们来说也毫无意义了，而我们身边的人也会从我们的记忆中被清除掉……不过，你可千万不要用这种思想把自己变成一个自我为中心的狂徒，因为这涉及的不是量子理论而是现实人生。

3. 空间从来不是“空”的

　　如果你身边有这样一种人：涉世不深，想法天真，思维另类，行为奇葩，看起来和整个世界格格不入，一点都不接地气……好了，说得已经够多了，这时你很可能会这样形容这个人：活在真空里的人。

　　真空原本是一个物理学的名词，从字面上理解就是空空如也的意思。不过真的要代入物理学的研究范畴的话，真空可并非空无一物，特别是在量子力学建立和发展以后，“空”不是一个三言两句就能说清楚的概念。

　　真空这个概念，和空间、物质、能量等物理学的基础概念联系在一起，而往往越是基础的概念越是深刻，你真的去研究它以后，相信会得出“真空不空”的相反结论。

　　早在1654年，德国马德堡市长奥托·冯·格里克就展示了著名的半球实验，后来称之为“马德堡半球实验”，人们对真空有了初步认识。19世纪，英国物理学家麦克斯韦创立了电磁学理论，认为光是一种电磁波，可以在空中以光速传播，但是它究竟依靠什么奔跑呢？当时人们认为整个宇宙中存在着一种物质叫作以太，然而，后来的实验证明，以太并不存在。直到1905年，爱因斯坦提出狭义相对论以后，认为只要放弃牛顿经典物理学中的绝对时间和绝对空间的概念，就能够发现：光的传播不需要以太，电磁场本身就是物质。这样一来，爱因斯坦的相对论给予"以太"这个概念致命的一击。

不过这个打击并没有结束，在量子力学创立以后，英国理论物理学家狄拉克通过波函数去描写电子，由此创造了狄拉克方程，将量子力学和相对论和谐地融合在一起，而且还推导出了电子自旋的结果。然而有一件事困扰着狄拉克：狄拉克方程的解，不仅包含着正能量的电子也存在着负能量的电子，它们到底是怎么产生的呢？要知道，我们能计算出的、容易理解的是正能量的电子，就像你的手机上会显示电池消耗的百分比，可如果突然冒出了一个"负电池消耗的百分比"，你一定会张大嘴巴，继而怀疑手机里被植入了某个你不知道的捣乱 App。

狄拉克对负能量的电子也持这种怀疑态度，所以经过他的分析和推导，认为真空中还存在着一个"电子海"，真空就可以看成是填满了全部负能量状态的电子形成的海洋，而正能量的电子在海面上运动。这个生动的比喻，很像精神分析学派中对意识和潜意识的描述：意识是冰山一角，潜意识是隐藏在海面以下的冰山其余部分。

狄拉克大胆的推测，让真空的概念获得了新生，当然它也是另一种解读模式的"以太"。

有意思的是，真空存在的能量和粒子，可以在瞬间出现或者消失，所以这个发现结果，等于是间接承认了这个世界充满着一种未知的神秘力量。

2015年，德国康斯坦茨大学的艾佛烈·莱滕施托费尔带领的团队声称,他们在观察对光波的影响时,发现了来自真空的波动。两年以后,该团队又对外爆料,他们在真空中捕捉到了一些变化奇怪的信号!

想象一下,如果你家的一个仓库突然闹耗子了,你为了把这帮讨人厌的小家伙们一网打尽,将仓库里所有的东西都搬空了,结果连老鼠毛都没有看到!晚上,你正在百思不得其解的时候,空空如也的仓库里竟然传出了耗子叫的声音,你不觉得脊背发凉吗?

德国团队的研究成果正是给人这种感觉。

为了证明自己的研究成果,德国团队发射了一个只能维持几飞秒(也叫毫微微秒,1飞秒只有1秒的一千万亿分之一)的超短激光脉冲,接下来他们马上看到了光极化(一种光的横波振动偏于某个方向从而让光的传播失去对称性的现象,也是波的一个重要特性)的巧妙变化,这足以证明空间中还存在着其他能量,而德国团队认为是量子波动造成的。为了进一步证实真空中是否藏着什么东西,他们采用了挤压真空的办法,整个过程中又发现了奇特的量子波动现象,甚至当挤压到一定程度时,波动的声音比未经压缩真空时的背景噪音还大,而在某些部分却几乎鸦雀无声。这样一来证明了两个问题:第一,真空中确实藏着东西;第二,这些东西的分布可能是不固定的,或者它们也会随机进行运动而聚集在某一点上。换句话说,在真空中的量子波动分布会发生改变,它可以加速也可以减速。

想必大家都有这样的生活经验,我们收纳一些空空如也的塑料袋,在折叠它们的时候,会有一些残留的空气,产生"鼓包"的现象。这说明所谓空的塑料袋其实不是空的,这和德国科学家挤压真空时的发现是相似的。

目前，人们对真空的探秘还在进行当中，因为每前进一步都会有一些超出预期的发现，为了找到答案就要更进一步。那么，科学家们为何执迷于研究真空呢？

我们生活在一个巨大的空间里，有地球，有太阳，有银河系，有河外星系，可如果把这些东西都拿走，空间里还剩下什么东西呢？如果真的空无一物的话，这个空间还有存在的意义吗？这是一个近乎哲学的物理学问题，也是关系到量子的微观世界如何做解释的问题：为何量子会进行不连续的不确定性的运动？是不是空间中存在着某种物质或者能量在推动着它？

只有解决了这些问题，我们才能距离量子更近一步。至少我们现在可以肯定的是，所谓的空间不仅不是空的，而且还充满了各种能量。这种能量可不是渺小到可以被忽略的，而是强大到必须被我们重视的。只要我们找到了正确的计算方法，就可以得知空间中存在多少能量，或许有朝一日可以利用它为我们服务。

4. 揭秘：恒星是这样死的

宇宙中的任何物质似乎都有想要逃脱时间控制的趋势，我们人类幻想着长生不老，动物们也有强烈的求生欲望，就连看似没有生命的星体，它们也以自己的方式在和宇宙的各种负面变化相抗争。不过说到底，没有谁能够逃离时间，宇宙中的任何事物都不是永恒的，它们因为一个缘由诞生，又会因为最终的结局而消亡。

当我们仰视着光芒万丈的太阳时，是否想过，这样一个庞大的发出光芒的恒星，也会有死亡的那一刻？

当然，恒星的死亡和生命体的死亡定义是不同的。一般来说，我们把恒星的主序星阶段结束称为恒星的死亡，其实这仅仅是它众多阶段中的一个，指的是恒星从诞生之后开始氢核聚变直到聚变结束，最后变成白矮星、中子星或者黑洞的过程。

主序星，是指在赫罗图主序带的恒星。赫罗图是什么？它是研究恒星演化的重要工具。简单说，就是将恒星看作一个理想的能量辐射体，它的质量、体积、光度和温度等参数肯定有所不同，那么演化在主序带（绝大部分恒星都分布在这里）上的星体就是主序星，也被称为矮星。

通常，质量较小的红矮星（温度最低的主序星）的主序星阶段可以保持千亿甚至万亿年，而白矮星转变成黑矮星也需要200亿年（宇宙的年龄至今不过138亿年，所以宇宙中至今不存在黑矮星）。那么，我们熟知的太阳是黄矮星，它的主序星阶段结束之后会成为白矮星；比太阳质量大8倍且小于30倍的恒星，主序星阶段结束之后会变身为中子星；大于太阳质量30倍的恒星，主序星阶段结束之后会成为黑洞。这样一来，恒星的死亡结局其实存在四种情况：黑矮星、白矮星、中子星和黑洞。

当然，这并不是说，恒星成为以上四种星体之后就彻底结束了，其实它依然处于一个变化的过程中，只是变化的过程特别漫长。比如白矮星在能量和热量耗尽之后会成为黑矮星，而中子星和黑洞如果能量消耗殆尽后也会成为黑矮星，那么黑矮星会存在多久？根据目前推算可知，如果我们身处的宇宙环境不发生太大的变化，它会一直存在下去。

不管是哪一种类型的恒星，到了主序星阶段结束时，必然会释放出大量的物质，里面会包含着大量的氢氦等元素。当这些元素达到了足够大的质量时，就会重新点燃内部的氢核聚变，成为一颗新恒星。从这个角度看，恒星自带着"复活甲"，只要条件允许可以无限地复活下去。如果没有有利的条件，死亡后的恒星残骸是不会变成新的恒星的，它只能变为质量更加致密的残骸，只有从它上面散发出去的星云才有机会重新凝聚成为恒星。

不过，对于上述理论，如今有一种全新的说法。一些天体物理学家认为，在中子星和黑洞这两种不同星体之间，还存在着一种新的星体形式，被称为黑星或者重力真空星。

我们知道，中子星通常体积很小，然而它的密度却大得惊人，一块拇指大的中子星碎块有多重呢？据推测高达60亿吨重！当然，中子星并非是恒星的最终状态，它还会进一步演化。因为中子星的温度很高，消耗能量也很快，当它的角动量（简单解释就是动量在转动上的表征）消耗殆尽以后，中子星就会变成不发光的黑矮星。

中子星虽然密度大得惊人，不过和密度更大的黑洞比起来还是差一截。黑洞可以说是目前人类已知的最恐怖的天体，遇到什么"吃"什么。当然关于黑洞，物理学界一直存在着争议，有学者认为光不会被黑洞无缘无故地吞噬掉，应该会转化为其他的物质或者能量形式。因此，有科学家提出了"重力真空星"的假设，我们可以把它理解为一种类黑洞的天体。

为此，科学家们研究出了一种名为量子真空极化的奇特现象。在讲述这个现象之前，我们先来弄清楚亚原子粒子是怎样运作的。对于这种运动模式，目前最合理的解释源于量子物理学：我们的现实是模糊的和不确定的，所以我们对基本的物质单元无法透彻地了解，而在原子内部庞大的空间里其实是不空的，这是一种我们目前还无法准确划分的物质，所以被命名为"虚粒子"，正是它填充了原子内部才让原子没有被外力挤压坍缩。那么，这种物质构成的特点告诉我们，当一颗恒星在坍缩时，由于释放出巨大的能量，其内部的虚粒子会被极化，或者根据自身的属性形成特定的分布，比如地球的南北两端代表着磁铁的两极。经过计算发现，虚粒子的极化会让即将死亡的恒星的引力场产生惊人的效应，会形成相互排斥的场。

那么，根据爱因斯坦的广义相对论可知，物质和能量能够给时空造成弯曲，从而形成引力场。行星和恒星都存在着正能量，它们之间的引力场是相互吸引的，就好像两个道德高尚的人会彼此欣赏一样。不过，当虚粒子被极化时，因为它们占据的真空平均下来会产生负能量从而形成弯曲的时空，这种时空就会产生相互排斥的引力场。打个比方，这两个道德高尚的人本打算结交成为好朋友，可因为时空扭曲的原因，其中一个道德高尚的人回到了他浪子回头之前，结果另一个道德高尚的人根本不能接受这种人设，于是就从相互吸引变成了相互排斥。

虚粒子的作用，让恒星成为黑洞的过程遭遇了阻碍，会让质量较小的恒星残骸难以形成黑洞，它们的引力场也很难成为一个奇点。于是，恒星残骸会被量子填满原来的真空，它的外表被一层极其稀薄的物质覆盖，物质和量子真空在星体的结构中以精细的平衡状态交缠在一起，形成了一种强大的引力场，能够将光弯曲，所以从外表来看和黑洞十分相像。

有意思的是，重力真空星的物质和质量，不像我们一般认识的那样聚集在星体的核心，而是聚集在星体的表面。另外和黑洞还有一点不同，重力真空星能够反射引力波。这种引力波力量强大，能够以光速运行并且能够在所到之处拉伸和压缩时空，相当于一个快速狂奔的时间机器。如果这种引力波能够被证实的话，那么在量子物理学中就可以建立一个新的概念：量子引力，也会进一步丰富广义相对论的理论体系。

5.平行宇宙中的另一个"你"

平行宇宙这个概念的诞生，归功于当代物理学界的一个奇人——休·埃弗雷特。

我们都知道，量子理论的重要概念之一是波函数。由于波函数的定义比较抽象，我们可以把它理解为宇宙中每一个微观粒子发出的信号，这些信号可以传递到整个宇宙，如同天空上覆盖的乌云一样，只是浓度有厚有薄，那么在厚的地方找到它的概率更高，薄的地方找到它的概率更低。

之所以要引入量子平行宇宙这个概念，并不是为了让我们理解一个和经典物理学定义完全不同的宇宙，而是让我们了解宇宙中的波函数处于"信号最强"的状态，也就是波函数较高，但是周围的宇宙并非不存在"信号"，只是波函数相对要小很多。

前面我们讲到了波函数坍缩的概念，正是因为它的存在才让我们人类成为宇宙的中心。不过并非所有科学家都认同这个理论，有不少人认为，波函数并非从电子到整个宇宙都在坍缩，而是从来都不会坍缩。也就是说无论你观不观察宇宙，宇宙都在那里，不会因为你看了它一眼它就从不确定性变成了唯一性，而是会继续保持不确定性。这种不确定性就诞生了多个不同的平行世界。在这种理论的影响下，每一个事件所导致的结果都可能产生另一个宇宙，呈现出多个事件的分支，这是一种几何式的增长，可以说是无穷无尽的。有意思的是，这些分支之间不会相互影响，而是完全分开的个体。打个比方，在第二次世界大战中，如果日本没有偷袭珍珠港，那么美国可能不会参战或者晚几年参战，那样整个太平洋战场乃至欧洲战场的结果都会不同，人类的历史进程也会产生巨大的差异。

如果说波函数是平行宇宙的"硬核"解释，那么"薛定谔的猫"就是一个猜想的开端。

"薛定谔的猫"是在1935年由奥地利物理学家薛定谔提出的著名思想实验。实验的内容是：在一个封闭的盒子里，有一只活着的可爱猫咪和一瓶毒药。毒药瓶上有一个锤子，锤子是受电子开关控制的，电子开关则是通过放射性原子来控制的。如果原子核发生衰变就会放出阿尔法粒子，粒子触动电子开关，让锤子落下把毒药瓶砸碎，然后就会释放出里面的氰化物气体，这样可怜的猫咪必死无疑。不过，原子核的衰变是随机的，现在物理学家能够确定的只是半衰期——原子核衰变一半所需要的时间。假设一种放射性元素的半衰期是一天，那么一天过后这个元素就少了一半，再过一天就少了剩下的一半，可尴尬的是，物理学家没法知道它在什么时候衰变。当然，物理学家知道放射性元素在上午或者下午衰变的几率，也就是猫在上午或者下午死亡的几率。那么，在我们没有打开盒子观察的时候，根据生活经验可以认定猫咪要么死了要么活着，这是它的两种结局。如果按照薛定谔的方程来描述薛定谔的猫，则只能说它处于一种"活与不活"的叠加态。只有当我们打开盒子的时候才能确定猫咪属于哪种状态，而这时猫咪自身的波函数就会从叠加态立即收缩到某一个具体的状态。那么根据量子理论，只要我们不去观察盒子的内部发生了什么，就永远也不会知道猫咪是死是活，它也将永远处于既死又活的叠加态。然而，这就让微观的不确定原理变成了宏观的不确定原理，毕竟客观规律不以人的意志为转移，一只"既活又死"的猫明显违背了逻辑思维。

现在我们知道了，猫的"生死"其实是取决于观察者的，观察者永远不开盒子，猫就永远处于"既死又活"的叠加状态，所以这个也被叫作观察者效应。但是问题来了，这种观察是在猫活着或者猫死了之后才能得出的结果。如果我们复制若干个盒子，每个盒子里的猫的结局都不一样，即便是同一个盒子，在不同的时间打开结果也不同，因为原子可能在上午衰变也可能在下午或者晚上衰变。基于这种原因，我们可以确定，波函数不是完全客观的存在，它依赖于观察者本身。

从"薛定谔的猫"出发，我们会遇到一个棘手的问题：既然世界的变化如此随机，这个宇宙还是一个稳定的状态吗？如果说它不稳定，可生活在宇宙中的我们是稳定的；如果说它稳定，可事实上又存在着量子的不确定性。因此，量子力学中诞生了"平行宇宙"理论。

平行宇宙理论的核心在于调节薛定谔猫中的不确定性。简单说，因为观察者太随机了我们去掉他，测量仪器太死板了我们也不要它，而是建立一个新的系统。这个系统可以通俗地来解释：打开盒子前猫处于既死又活的状态，打开之后就是一只确定的死猫或者一只确定的活猫。所以从这个角度来看，观察者或者说测量者起到了关键作用。这样一来，我们选择什么样的观察者，比如急性子或者慢性子，他们所看到的只是自己看到的观测结果，而不是别人的。

这么一说你可能会糊涂了，我们换个更直白的表达方式：你去一个水果摊上买苹果，老板没有任何标准的度量工具，只用手去称重，所以他交给你的三斤苹果可能是两斤半或者是三斤一两。如果再有人过来买四斤苹果，老板称重的结果还会存在误差，可能是三斤七两也可能整好四斤。所以当别人问你买了多少斤苹果时，你只能回答："三斤，那个老板称的。"同理，在你之后的那个人也只能这样回答："四斤，那个老板称的。"这样一来，卖苹果的老板就无法逃避责任，因为他不是一个标准的度量工具，别人每次回答问题都得把他带上，因为准不准都在他。所以，观察者也是实验的内容之一，"一个实验搭配一个观察者"，相互不得干扰。

一位哲人曾经说过一句话：在这个世界上，每个人都有属于自己的一面镜子，这面"镜子"不是照影子的"反相镜子"（意味着镜子里的左右手和现实中的左右手是颠倒关系），而是来自自己的"同相镜子"，它不是真的镜子，而是另一个真实的自己。哲人的意思是人类世界太过复杂，如果我们想要认识自己单靠自我认知是很难做到的，而是需要在芸芸众生中寻找一个人作为我们的镜子，通过他客观地认识自己。

在量子物理学兴起之后，一位量子物理学家"篡改"了这句话：每一个人都不是绝对独立的存在，而是像"量子纠缠系统"里的"纠缠量子"一样，存在着至少一个同相纠缠中的自己。物理学家的话，其实就是用微观的量子纠缠效应，阐述了经典物理学世界人和人的隐形关系，不过他们的话都是源于同一个思想：万物都是相连的，众生原本是一体的。

也许有人有这样的经历：某年某月忽然遇到一个和自己长得十分相似的人，不仅是外貌相似，还拥有着相似的经历和性格。也许有人会把这种情况叫作巧合，其实它或许是平行宇宙的一种反映：这个相似的人并不是来自你所生活的这个宇宙，而是来自宇宙。因为我们知道存在着量子纠缠效应，所以每一个宇宙中的自己都可能会和另外一个宇宙中的自己发生关联，甚至不需要通过某种手段就能超远距离地进行传送。因为波函数是弥漫在整个宇宙中的，所以这种传输的速度非常之快，是我们人类感觉不到的。

上述提到的这种情况或许很少有人经历过，但是有一种经历可能真的很多人都体验过：某年某日，来到一个陌生的地方，忽然觉得自己曾经来过这里；见到一个人，忽然发现自己好像之前见过对方，然而无论怎样绞尽脑汁地回忆都找不出确切的记忆。其实，这未必是我们的记忆错乱，可能是我们在平行宇宙中的另一个自己比我们提前一步来到某地或者见到了某人，然后将这种记忆通过量子纠缠效应传输给了我们。

当然，除了量子纠缠效应之外，我们还可以通过其他方法和平行宇宙相联系，这个联系的渠道就是虫洞。

"虫洞"这个概念是1916年由奥地利物理学家路德维希·弗莱姆提出的。1930年，爱因斯坦在研究引力场方程的时候做出假设，认为我们通过虫洞可以进行瞬时的空间转移或者做时间旅行。简单地说，虫洞是连接宇宙区域间的时空管道，它比较细小，轻易不会触碰到。它并不是一直对外开放的，而是由暗物质控制的，而暗物质是我们目前无法直接分析的宇宙组成部分之一。那么，虫洞的另一头连接着什么呢？可能是一个婴儿宇宙。

　　形象地解释，虫洞就是大海中的一个旋涡，无处不在可又转瞬即逝，这种旋涡是由星体旋转和引力作用共同造成的，而旋涡能够让水面上的一部分和水底连通得更快，所以一旦被吸入进去就能瞬间来到平行宇宙之中。

　　当然，到目前为止，我们还没有找到能够证明虫洞确实存在的证据，如果真的能找到这条奇妙的通道，或许我们就有机会和宇宙中的另一个自己直接对话了。

6.1905年，宇宙被一个疯子"爆料"了

不知道你听说过没有，物理学界有两个"奇迹年"。

第一个是1666年。

这一年，一个年轻人回到乡下的老家躲避瘟疫，本来是一件挺心酸的事情，然而却在这种与世隔绝的日子里发明了微积分，同时还完成了光分解的实验分析。更为传奇的是，这个年轻人坐在树下被一个苹果砸到了脑袋……说到这里大家都知道了，这个年轻人就是牛顿。他在短短的一年之内，为数学、光学和力学三大学科奠定了重要的基础。而如果是普通人，哪怕只要完成这三大贡献中的一个都可以载入史册了，所以称这一年为奇迹年并不为过。甚至，在很长的时间里，不少人都相信，像牛顿这样的巨人级科学大师，以后不会再出现了。

然而，话说得太死容易被打脸。当时光的车轮驶进了1905年的车站之后，一个专利局的小职员发表了六篇论文，其中有一篇论文十分抢眼，被称为"狭义相对论"，说到这里大家可以猜到这个"论文狂人"就是爱因斯坦了，而这一年也被认为是物理学界的奇迹年。

那么，狭义相对论是什么意思呢？如果从专业的角度解释恐怕

比较复杂，我们就简单地总结一下它的核心思想：速度越快，时间越慢。对此，爱因斯坦曾经用火炉和美女进行过精妙的比喻：一个男人与美女对坐1小时，会觉得似乎只过了1分钟；但如果让他坐在热火炉上1分钟，却会觉得似乎过了不止1小时。这就是相对论的最朴素的比喻。

简单地说，高速运动的物体，它的时间流逝是比低速运动的物体要慢的。如果一个物体的速度能够达到光速，那么对于它来说时间就是静止的，或者更准确地说，时间没有什么意义。这就像是你走路到1000公里以外和光速到1000公里以外，不仅客观上消耗的时间不同，主观上的感受也完全不同。

从狭义相对论可以推导出，假设人类能够让物体达到光速，那么从理论上讲可以让时间静止；假设人类能够超过光速，那么时间可能会发生倒流。只是从目前我们掌握的科技手段来看还难以实现。

广义相对论是爱因斯坦在1915年完成，1916年正式发表的，它的核心理论也可以简单地概括为一句话：引力越大，时间越慢，引力场是时空弯曲造成的。这里所说的"引力"指的就是万有引力。我们知道，当光在经过一些高质量的天体时，它原本的直线传播路径会被扭曲，这就是强引力的作用。引力越大，时空被扭曲的程度也就越大，相对而言，这里的时间流逝就变得越慢了。打个比方，一个快递员骑着摩托要给一个客户送快递，然而在途经一个路口的时候车子陷入了泥坑当中，这就减缓了他的速度，而对于等待收快递的客户来说，这段时间度日如年……所以这一刻大家的时间都被拖慢了。

那么，爱因斯坦的相对论对量子学说的发展有什么作用呢？是起到正面意义还是反面阻碍呢？

通过上面的简单解释，我们发现，无论是狭义相对论还是广义相对论，它所描述的都是宏观世界的物理规律，而量子力学是研究微观领域的科学。不过，宏观世界也是由微观世界组成的，微观世界也被宏观世界所容纳，所以它们是相辅相成的关系，不应该存在严格的界限划分。然而，相对论对微观的量子世界无法做出全面的解释，甚至在某些逻辑上存在着严重的矛盾，这主要体现在广义相对论和量子力学上。

比如在对时空的描述上，爱因斯坦认为它应该是连续的、平滑的，然而量子理论却认为它是不连续的和不确定的，这种时空观也被称为量子涨落，意思是不断起伏和变化。从这个角度看，相对论更像是一种绝对理论，而量子力学更像是概率学——谁也无法精确地对它进行描述。

再比如在对引力的描述上，广义相对论认为质量大会让时空变得扭曲和缓慢；而量子力学认为空间越小，量子的运动就越激烈。打个比方，如果宇宙是一个巨大的鱼缸，量子是其中的一条小鱼，那么当鱼缸的尺寸缩小时，小鱼的运动会更加激烈而且难以预测。但是如果从宏观世界的角度看，鱼缸越小，小鱼的运动空间就越有限，它应该越老老实实的才对。

归根结底，爱因斯坦的宏观世界是确定的，是遵循因果关系的，而量子的微观世界是不确定的，是违背因果关系的。如果继续分析下去，会让人觉得在宏观世界和微观世界之间，隔着一道无法逾越的鸿沟。不过，狭义相对论却是和量子力学有着高度的融合，因为它们都可以解释高速运动的电子所呈现出来的物理学特性，而且狭义相对论不考虑引力，研究的是惯性，这和量子力学研究的对象都处于假定的"平直空间"（也就是没有被引力扭曲拉伸的空间）中是一样的。

我们之前列举过电影《蚁人》的例子，蚁人在量子领域中时间流逝得很慢，这是因为他几乎变成了和亚原子一样大小的物体，而亚原子的运动是瞬间的，这就代表着时间对它没有意义。而在狭义相对论当中提出了时间膨胀效应，也就是运动速度越快，惯性质量越大，时间越慢，这是和量子理论不谋而合的结论。

说一千道一万，当相对论的视角放在宏观领域时，它和量子理论的矛盾就变得异常尖锐，而聚焦到微观领域时，却又能处处相融。总的来说，相对论和量子理论被并称为20世纪最伟大的科学理论，但是它们仍然存在着很多矛盾点，这种对立关系很容易让人认为：要么相对论有问题，要么量子理论有问题。

难道它们就不能都是正确的吗？

其实，爱因斯坦也被这个问题困扰，他在晚年一直致力于研究一种大一统理论，让宏观世界和微观世界不同的现象得到统一的解释，然而没有成功。

到了20世纪80年代，一种全新的理论似乎可以解决这个难题，这就是著名的超弦理论（也叫弦理论）。该理论认为：宇宙中任何物质都是一小段"能量弦线"，从大到没边儿的星系到肉眼无法看到的电子，它们都是根据不同的振动和运动产生的弦，这个弦我们可以理解为一种运动方式，而大大小小物质的区别只在于振动频率不同。所以这就很好解释宏观世界和微观世界的分歧了：宏观世界的物质都比较大，微观世界的物质非常小，所以它们的振动频率相差很大，就会呈现出几乎相反的物理学特性。从目前的研究成果来看，弦理论是最有可能一统江湖的理论，当然它还需要大量的工作去完善。

或许有那么一天，两大理论在针锋相对了若干年之后，蓦然回首，发现它们原来是"一家人"。

第三章

谁的人生不"量子"

1. 臭脾气改不了？因为构成你的物质太稳定

你是否有过这样的经历：因为对方一句无心的玩笑话而动怒，因为某人的一句不当措辞而脸上"多云转晴"，因为一件不顺利的小事就失态地出口成"脏"……当发过火之后，你并没有感觉到宣泄的快感，反而会懊恼自己为何如此难以控制情绪，再或者，你身边的人批评你：为什么你总是改不了你的臭脾气呢？

其实你也不必过分自责，每个人都很难改变性格中最鲜明的那部分，这倒不是为你寻找借口，而是因为，构成那部分的物质太过"稳定"了。

在生活中，我们看到的物质基本都是处于相对稳定状态的，比如桌子、电脑、石头。它们即便会出现老化、损坏或者风化的情况，但也是要经历相当长的时间，而不会无缘无故突然变形或者爆炸，这些是作为固体的特质。而气体和液体虽然在外形上比较多变，但是从物质构成的角度看，也不会突然发生质变，总需要有一个强大的外力。

为什么物质会相对稳定？这和构成它们的原子有关系。

英国物理学家卢瑟福研究了原子内部的构造，同时进行了一项实验。他用一种名叫阿尔法粒子的东西往物体内部打，结果发现阿尔法粒子很容易穿过物体，这似乎可以证明物体的内部是非常空旷的。不过随着实验的推进，更加让人惊讶的事情发生了：有一次阿尔法粒子进入物质内部后竟然被原路反弹了回来。

这个实验证明，在原子内部存在着一种特别小但非常坚硬的东西，那就是原子核。于是，卢瑟福终于弄清了原子的结构，它的内部有一个带正电的原子核，原子核的外部有一些更小的带负电的电子。

这个实验说明：在原子内部，一定存在着一种特别小又特别坚硬的东西，也就是所谓的原子核。不过新的问题又产生了，为什么有若干个原子构成的、中间存在着很大空隙的物质能够保持稳定呢？

这的确是一个让人匪夷所思的问题。

一辆没有塞满人的公交车，如果在路口突然遇到红灯，想必一个急刹车就会让一些人前仰后合站不稳。可如果是一辆高峰期的公交车，人挨人挤得像沙丁鱼罐头似的，即便遭遇急刹车也不会有人摔倒，这不就是因为没有空隙的公交车更加稳定吗？那么，为何原子不是按照我们所认识的常理出牌呢？

卢瑟福没有真正解决这个问题，而是他的学生玻尔提出了氢原子的模型，也就是一个电子围绕着一个原子核旋转的模型。后来德国的海森堡博士提出了一个解释：原子中的电子并非在一个独立的轨道上运动，而是像一只被自由放养的哈士奇，满地乱窜，丝毫没有规律可言，可以快速地出现在很多地方。而如果在同样的空间里你想自由地跳舞，很可能会撞上这只哈士奇发生"交通事故"，到那时你绝不会认为这个空间是空旷的，而是会告诉别人"内有二哈，生人勿进"。

不过海森堡也没有完全解决这个问题，反而是他的师兄、奥地利的物理学家泡利更进一步。他是一个喜欢舞蹈的人，他通过舞会两个人跳舞的画面，推导出了泡利不相容理论：一个氢原子核周围只能有一个电子，而另外的电子根本无法进入，就像一个男士邀请一个女士跳舞时，就无法同时邀请别的女士，而另外的男士也不能在跳舞期间把人家的舞伴拽走。

在泡利提出不相容理论之后，一位名叫费米的意大利物理学家进一步完善了这个理论。他曾经提出一个经典的问题：是否可以将原子核放在一堆，将电子放在另一堆，然后让一大堆原子核和一大堆电子互相转绕呢？假设真的出现了这种情况，这是否意味着物质可以发生塌陷或者爆炸呢？费米并没有解答这个问题，而是英国物理学家戴森解决了这个问题，他沿用泡利的不相容理论：原子核必定会和电子配成一对，从而形成了原子。比如在舞会上，每对舞伴都希望和自己选定的舞者一直跳下去而不希望其他人来干扰，从而产生一种对外排斥的力量。与此同时，每对舞伴中的女士其实还想和其他优秀的男士跳舞，而每对舞伴中的男士也想和其他心仪的女士共舞，这又产生了一个向内的吸引力，由此物质才保持着稳定。

每个物体的构成都可以理解为无数个跳舞的舞伴，它们对外的排斥力量决定了原子是不会坍塌的，所以我们不会在喝着一杯珍珠奶茶的时候，杯子突然变小，奶茶喷洒而出。同样，它们对内的吸引力也决定了原子不会爆炸，所以我们喝珍珠奶茶的时候，珍珠粒也不会突然四处飞溅。

在量子的世界里，爆炸是一个需要特殊理解的概念。我们都知道，原子中的电子是基本粒子，形状是点状的，没有大小所以不会爆炸。而一切的基本粒子在物理学中就像是一个点一样，不存在大小和长宽高，所以它们不会爆炸，除非你用一种外力去强行改变它们当前的状态。

通过这些大师们的分析，真相渐渐浮出水面。在量子的世界里，两个原子不仅有固定的舞伴，而且彼此之间还必须保持着一定距离。相信听到这里，你开始在琢磨自己的臭脾气是不是要听从天命了吧？其实，臭脾气难改是事实，但这并不代表着绝对改不了，利用外力让原子核发生聚变或者裂变的现象，研制出了氢弹和原子弹，它们就打破了原子内部的平衡关系。对于人来说同样如此，你之所以还没有产生改变臭脾气的动力，是因为外力不够，简单说就是没有受到因为坏脾气带来的严重惩罚。只要给你一次记忆深刻的教训，纵然你个性再顽固，也会下意识地反思，不改变臭脾气会让你付出巨大的代价。不过，代价总是让你遭受损失的，我们为何不主动给自己施加一种外力，改变我们那些"稳定"的负面存在呢？

2.别再争一见钟情和日久生情了，其实都是量子纠缠

　　一谈到爱情，恐怕总要跳出两伙人，一伙人坚称一见钟情才是爱情，另一伙人认定日久生情才是爱情。其实，争来争去真的没什么意义，因为这两种爱情背后的"大boss"可能都是一个家伙——量子。

　　我们先来看看汉武帝时期一段绝对上得了头条的爱情故事。

　　当时四川首富卓王孙有个女儿叫卓文君，不仅长得漂亮而且弹得一手好琴，可谓正宗的"白富美＋女才子"。有一天，卓王孙在家中请客，一个名叫司马相如的年轻人也被邀请过来，不过他可不是什么高富帅，是正宗的"贫二代"，不过早就听说卓文君才貌双全，自然也想一睹芳容。宴会开始后，大家作赋奏乐，司马相如奏了一首《凤求凰》。凤代表着雄性，凰代表着雌性，可以说是赤裸裸的表白了。没想到的是，卓文君听到琴声顿时被吸引了，随后见到司马相如，爱情的火花就被点燃了，而且越烧越烈。最后，两人克服了重重障碍成为伉俪，而卓文君的那句"愿得一心人，白头不相离"也成为今天朋友圈里的著名段子。

　　司马相如和卓文君的故事放在今天不算什么，可倒退到2000年

前，一个大家闺秀爱上一个穷小子还和他私奔，完全是离经叛道的行为，到底是什么力量让卓文君发了疯呢？有人说这是爱情，其实更像是量子纠缠。

说到这里可能有人会举手了：一见钟情钟的只是脸，这明明是宏观世界。没错，卓文君的美貌，司马相如的英俊，他们要擦出火花根本不需要心心相印。如果只是宏观世界里的吸引，卓文君也许会头脑发热跟他私奔，可跟着他来到成都老家发现其家徒四壁的时候，卓文君还是不离不弃，甚至和他来到临邛买下一家酒店，堂堂一个白富美站在垆前卖酒，这难道还只是看脸的爱情吗？

我们知道这个世界是由三个层次组成的：第一个层次是宏观的，比如我们看到的颜值；第二个层次是微观的，可以通过仪器去感知，比如脸上的细菌；第三个层次是超微观的，目前主要是通过理论推测，很难直观地感受，比如量子。

那么量子纠缠是什么呢？我们先看一下下面这个小故事。

物理学家贝尔有个同事叫伯特曼，是一个奇葩的潮人，喜欢穿不同颜色的袜子。有一天，伯特曼到实验室上班，前脚刚跨进门，就露出了粉色的袜子，贝尔马上对伯特曼说："你另外一只脚上的袜子肯定不是粉色的。"伯特曼估计是没睡好觉，还傻乎乎地问贝尔怎么知道的。其实大家都明白了，因为贝尔知道伯特曼的这个奇葩习惯，所以能通过一只袜子的颜色推断出另一只，它们之间存在着必然的颜色关联，这就是最简单的量子纠缠。

量子纠缠的科学定义比较复杂，简单说，就是一个在某个中心点自旋为零的粒子衰变产生两个半自旋的粒子，一个是正电子一个是负电子，它们沿着相反方向做直线运动，而它们的总自旋必定为零。如果你听着头大，我们不妨换一种说法：一对跳拉丁舞的男女，他们就是一个粒子，在舞台的中央翩翩起舞，突然他们分开了，各自跳起了舞步，男人在旋转，女人也在旋转，但是为了演出效果，两人的旋转方向始终相反。这时，有个反社会人格的超能怪物把舞台从中间切成两半，一半飞向北京，一半飞向西雅图，然而这对舞伴的旋转方向还是相反的，那么问题来了，他们到底是怎么观察到对方的动作的呢？

这简直是不可思议。

别说你觉得不可思议，当年爱因斯坦也觉得这是一个十分扯淡的事儿。按照经典物理学的理论，这对舞伴（粒子）相隔那么远，总得有个信息传递的方式吧？就算有，这也太快了。于是，有物理学家假想出一种超光速信息传递方式，然而被爱因斯坦直接否决了。但是，这个天才也不得不承认这种现象确实存在，最后干脆起了个很文艺的名字——鬼魅似的远距作用。

既然没有超光速的信号传播，那么这两个粒子能如此默契的唯一解释就是，它们从分离的一刹那开始自旋状态就已经确定了。也就是说，这对跳拉丁舞的男女，在分开之前就商量好了：你向东自转，我向西自转。即使舞台被人一分为二，两人只要能分清东西南北就可以保持相反的状态。

既然真爱和宏观世界的脸无关，那么一定就是和超微观的世界有关，司马相如弹琴的时候，周围的人都能做出相应的反应。当然，男人顶多是觉得好听罢了，女人的反应肯定和他们不同。更关键的是，卓文君本身就是一个颇通音律的人，所以她才能和司马相如产生量子纠缠，也就是某一个音符或者一段旋律产生了声音粒子（该粒子目前还是一种大胆的假设），它们被分开，一部分进入司马相如的体内，另一部分进入卓文君的体内，从此就发生了量子纠缠。在那个通信不发达的年代，两人即便见不着面也能惦记着对方，因为量子纠缠不需要介质传播。所以，当司马相如决心带着卓文君私奔的时候，卓文君二话不说就答应了。

这时有人会说了，我不会弹琴，长得又不美丽，是不是要当一辈子单身狗了？当然不是，量子纠缠的发生范围很广，它能够创造出一见钟情，也能创造出日久生情。

不少企业在给员工"洗脑"的时候都喜欢一个说法"同呼吸共命运"，不知道写出这句话的人懂不懂量子学，可这句话真的是对量子纠缠的精确描述。不懂吗？先来给你科普一个小知识。

根据科学研究，人呼吸一次至少有10^{22}的氧原子（22个10相乘，想想有多少个吧），这些氧原子能够飘到世界上任何一个角落，也能存在很久很久。这么说吧，几百年前达·芬奇呼出的氧原子可能刚刚被你吸过了，不过你爱上他的可能性很小，因为就算达老师活着，能够从意大利飘到你身边的氧原子少之又少，再加上种族、语言、文化等不利因素，你们之间的纠缠怕是要成为爱情悲剧。

但是，如果把达·芬奇替换成你身边的人呢？结果可能就完全不同了。

你一定听说过青梅竹马，也听说过办公室恋情，这两种爱情基本上都属于日久生情，而且这些情感故事的主角都有一个共同点：有大量的时空重叠！青梅竹马是从小玩过家家长大的，办公室恋情是憋在一个屋子里酝酿出来的。想想看，如果你和一个人在同一个空间里活动，一天差不多有63克的氧气（绝对数不清的氧原子）会在彼此的肺当中交换，它们发生量子纠缠的概率可远大于你和远在亚平宁半岛的达老师之间的，这大概就是日久生情的量子学解释。

说到这里，恐怕又有人一脸问号：我也经常跟异性同处一室，怎么就没被丘比特射中心脏呢？请先冷静一下，我们前面说了，影响爱情的有宏观世界的因素也有超微观世界的因素，如果你长得实在对不起大众，而对方又是一个信奉"颜值即正义"的异性，就算你们做了人工呼吸也不会产生真正动心的纠缠，反而会因为你嘴里的韭菜味让你们的感情故事画上句号。所以，一味夸大量子纠缠的作用，也是一种伪科学的态度。

当然，量子纠缠是不是真的影响爱情，目前更多的是推测，但是从古至今，很多爱情故事本来就匪夷所思：帅的娶了丑的，贤惠的跟了懒汉，富的嫁给了穷光蛋……也许有的人认为那是缘分，这个说法也没错，不过这大概和前世的500次回眸没什么关系，而是因为今生的1000次"纠缠"。

3. "人生无常"是因为量子的不确定性

当我们努力奋斗时却没有成功，我们觉得心累；当我们去追求爱情时却没有结果，我们觉得心酸；当我们适应了种种不如意之后，安慰我们的无非是一句耳熟能详的话——"人生无常"。人的一生究竟是被提前安排好的，还是可以被我们掌控的呢？

一些乐观的人认为是后者，一些悲观的人认为是前者。不过在经典物理学家们看来，其实一切都是已经设定好的，这倒不是说有上帝在操控，因为任何事物都要遵循一定的规律，那么人也是无法避免的。

但是，我们知道世界并不是只存在经典物理学这个维度的，在量子物理学的世界里，一切其实正好相反。

我们知道量子存在着不确定性，这种不确定性决定了你无法抓住或者测量一个粒子。这个粒子是非常调皮捣蛋的，它不会让你抓住，也不会轻易被你拍下来。如果你睁大眼睛观察它，就会发现你所观察到的和它实际的表现还会有很大差距，这些恰恰都证明了不确定性。自然，我们说过的"薛定谔的猫"就更是证明了世界的不确定性。

　　根据量子理论，量子系统内事物所出现的叠加状态可用波函数来描述，该函数可通过薛定谔方程求解。当观察者出现时，量子系统内的事物便从叠加状态转变为单一确定的状态，这称之为"波函数坍缩"。有人或许认为，猫的生死由人类意志决定，那么，波函数的坍缩也与人类意志有关，但量子理论并非如此定义。

　　这样想想，如果量子理论是正确的话，那么我们的人生是变得更加精彩还是更加无趣了呢？有人觉得不确定的生活会让我们感受到更多的刺激，也有人认为这种不确定性可能会破坏我们的想法和计划，让我们的人生活得太过随意了。

　　量子的世界，其实是一个自由的世界，这都是因为不确定性造成的。在经典物理学世界中，我们相信的是因果论。但是在量子的世界里，存在着一种我们尚未完全分析透彻的力量，这种力量并不遵循世界的因果规律。

　　其实，这种神秘的力量和我们前面说过的波函数有些相似。波函数是广泛存在于宇宙中的信号，当然也存在于你的身上。

　　我们经常说的"思想"和"意志"这些词汇，都可以理解为波函数。打个比方，波函数就是宇宙发出的WiFi信号，我们每个人是一台带无线功能的电子设备，在我们接收到WiFi信号以后，我们自己也可以生成热点，这样波函数就覆盖到宇宙的每一个角落。不过问题也就来了，接收到的信号肯定有强有弱，这可能跟你的"无线硬件"有关，也可能跟你的"运行软件"有关，还可能跟宇宙这个"终极宽带"的稳定性有关，总之它不可能永远保持在一个恒定的dBm（分贝毫瓦）数值上，这就会影响我们自身波函数的稳定，我们的"思想"和"意志"也就跟着起变化，接着又影响到我们的现实生活。

现在回头来看那句"人生无常"，我们似乎可以发现，无常代表的是两个意思，那就是人生既可以是好的，也可以是坏的；前途可以是光明的，也可以是黑暗的；你未来的配偶可能是你所爱的，也可能是你不够爱最后变得讨厌的……这是不是听着很耳熟，很像是"薛定谔的猫"中的论述？没错，猫可以处于死和生的叠加状态，而我们的无常人生其实也就是在叠加状态中。

当然，量子世界的叠加状态，会让我们感到局促不安，因为它没有规律可循，可以在我们观察、测量、分析的一瞬间处于坍缩状态，而这个坍缩是随机性的。打个比方，你是一个刚毕业的大学生，背着厚厚一书包的简历准备面试10家公司，然而在来到第三家公司之后，你发现前台小妹长得很漂亮，HR十分和蔼可亲，走廊里见到的员工个个有礼貌，老板又是个场面人……最后你计算了一下薪资待遇和离家距离，最后一口答应下来参加复试，然后原本还要面试的剩下7家公司就永远地和你说拜拜了。

对你来说，这10家准备面试的公司就是10个需要被观察的粒子，当你没有真正进入这些公司时，你是没办法对它们做出准确的判断的，只有当你真正选择了一家公司之后，这个被观察到的粒子就出现了坍缩，对你来说不再是不确定的了。但是，真正的不确定并不在于这家公司本身，而在于你决定选择这家公司的一瞬间，这是作为观察者锁定了观察目标，它才是决定了哪一个粒子（公司）会从不确定变成确定的关键。

如果你不明白，我们再换一个角度描述一下。还是那第三家你要面试的公司，前台小妹因为和男朋友闹分手心情不好，见了你绷着脸，于是你觉得她很冷漠。HR上午刚被老板骂了一顿，情绪很差，对你强颜欢笑。走廊里见到的是被开除的员工满脸横肉地瞪着你。至于老板……刚刚骂过HR，你还会觉得他是个场面人吗？

　　想想看，这些人物设定都是现实中完全可能出现的，如果刚好都被你撞见了，恐怕别说是参加复试了，就连面试你都会有半路逃走的可能。于是这第三家面试的公司又变成了不确定性，而剩下的7家公司当中会产生一个新的确定性。

　　这样看来，人生无常中的无常，并不是粒子本身的无常，而是我们作为观察者"随机叫停"的无常，这个才是真正难以控制的。也正因此，有些经历了失败人生抉择的人会觉得，如果不是当时出现了错误的判断，自己可能会有更明智的选择。当然，对于那些人生成功的人来说，回首生命中某个关键的时间节点时，他们也会感叹有一种冥冥之中的力量给了自己暗示。

　　尽管观察者的不确定性是很难掌控的，但是我们不能因此就自暴自弃，更不能就此认定我们的人生是没有现实意义的。其实人生最大的乐趣，恰恰就在我们的各种观察行为中，它让我们意识到自己才是命运的主人，因为无论选择是对是错，决定权都在我们自己手里。而且作为观察者，我们可以通过提高自己的判断能力让不确定性去无限地接近确定性，这样我们的人生才真正变得有价值起来。如果你真的被人生无常折磨，为何不好好想想：生活终究是由我们自己去创造和感受的，何必非要将一切和量子扯上关系呢？

4.你以为你选对了，其实是你被替换了

人们常说，选择大于努力，意思是人能够通过选择抓住改变命运的重要机遇，让我们平步青云，瞬间从量变升级为质变；而如果你不重视选择只知道埋头苦干的话，那么你的人生轨迹也只能循规蹈矩地进行，很难有飞跃式的发展。

在量子学说建立之后，"选择大于努力"这句话，似乎有着不同的解释。如果告诉你，你的重大选择其实是你被替换了，你能接受这个新说法吗？

先别急，我们梳理一下量子理论对我们生活的这个世界的改变。有一句话叫作"宇宙万物无论大小每时每刻都在发生着变化"，这既包含了宇宙的自然规律，也包含着科学家总结的宇宙定律，所以我们知道一切都不是一成不变的。好了，既然宇宙的万物都在变化当中，那我们的重要选择，也属于这个范畴之内。

有人也许会觉得，变化是源于自我的改变。可你是否曾经有过这样的感觉：做出某个决定之后，一段时间以后忽然发现那是一个违背初心的决定，似乎是被别人蛊惑了才做出的决定。当然，你也许会用一时冲动或者脑子短路来解释，然而事实的真相未必如此。

我们知道，因为波函数的存在，整个宇宙空间的万物在某种程度上都存在着关联，而这种关联包含了每一个人和他做出的具体决定，这其中也包含着平行宇宙中的你。而我们知道，因为量子纠缠的存在，每一个平行宇宙中的你，都可以看成是你本身若干个粒子被某种外力分开之后的存在，而在你们曾经构成一个量子单位的时候，彼此之间就产生了纠缠效应，即便被分开到两个不同的宇宙中，这种纠缠关系仍然割舍不断。

那么，一个让人"细思恐极"的问题产生了：当你做出一个决定的时候，很可能是平行宇宙中的你做出的决定，受制于量子纠缠的影响传输给了你，所以你才会觉得那是一个不可思议的决策。

量子纠缠是一种相互作用和相互影响的状态，它几乎可以看成是不消耗时间的一种瞬发行为，所以我们头脑中的灵光一现，有可能是来自平行宇宙中的另一个你。当然，你的一个漫不经心的想法，也可能会改变平行宇宙中的另一个你的生活状态。从这个角度看，无论宇宙中有多少个你，本质上仍然是一体的，可以相互影响相互改变。

站在量子理论的角度看，平行宇宙其实和我们并不遥远，可以将它看成是同一个宇宙系统，因此不同的你都会受到量变和动变的影响。

量变，就是能量的互相转换，比如你一整天做高强度的身体训练时，平行宇宙中的另一个你可能在蒙头大睡，这样你们之间的能量才能保证平衡。

动变，是迄今为止存在争议的一个难解谜题，从字面上看，就是指一个你发出动作之后，会引发另一个你也发出动作，当然这个动作并不是模仿的，而是增减补缺、优劣相移以及正反互转的。

增减补缺，指的是处于纠缠状态中的彼此在动量上存在互补，比如你今天多走步1万米，另一个你可能会因为某种原因少走步1万米；优劣相移，指的是处于纠缠状态中的彼此在运动态势上的转移，比如在1号宇宙的你被人暴揍，那么2号宇宙的你可能在揍别人；正反互转，指的是处于纠缠状态中的彼此做相反的动作，比如你朝着山坡向上奔跑，平行宇宙中的另一个你就会做出朝下奔跑的动作，也可能在山坡上，也可能在楼梯上，总之是相反的。

对比之下我们可以发现，量变容易理解，而动变就有些诡异的味道了。这也很好地解释了为什么我们会做出一些匪夷所思的选择，因为当我们做出选择时，我们可能是意志最薄弱的时候，而平行宇宙中的另一个你是意志最坚强的时候，所以他会做出果断的决策而影响到你。或者，当你做一个有害社会的决定时，平行宇宙中的另一个你做出了有益社会的决定而拯救了你……总之，每一个不同的你都因为处于相同的宇宙系统中，会在彼此都思考相同或者相似的问题时进行跃迁式的连接，从而彼此干扰，形成一种独特的共鸣。这就好像你在自言自语的时候，另一个你也在自言自语，而因为思考的内容接近，所以打通了沟通的屏障，实现了思维共享，最终某一个你的决定胜出。

这种沟通形式可以叫作"量子跃迁互换效应"。量子跃迁，指的是微观状态发生跳跃式变化的过程，这个状态自然包含着我们的思维，原本每一个你的思维是独立的，但因为跃迁而打破了屏障，互相跳来跳去，因此就产生了不可思议的影响。

随着量子学说的发展，宇宙中的神秘面纱被我们逐步揭开了一层又一层。科学家们也好，哲学家们也罢，他们都在前人的研究成果上不断积累和突破，试图探索宇宙的本来面目。当然这种探索可能永远没有止境，这不仅是因为宇宙本身的广大和深邃，也因为在我们探索的时候，它同时还发生着变化。就像我们试图了解自己或者他人的时候，不要忘了昨天的你我和今天的你我，可能被来自平行宇宙中的另一对你我替换了。

5. 相由心生，你想看什么就能看到什么

有一句老话叫作相由心生，不过很多人都对它有错误的理解，认为这个"相"是指人的面相，其实是指我们看到的事物的形象，翻译过来就是我们心里想的是什么就会看到什么。从逻辑上看，这句话带有很明显的唯心主义的色彩。因为按照唯物主义的观点，事物的相不是由我们的心或者大脑来决定的，而是取决它们自身或者外界不可抗拒的力量。

不过，在量子的世界里，相由心生反而是一句比较科学的话。听到这里你可能迷惑不解，这还是科学精神吗？的确，按照我们接受的正统教育来看，相由心生是阐述物质和意识关系的，而物质和意识的关系在经典物理学中是物质决定了意识，意识是由物质产生的，是大脑的机能。但是，一些有关量子学的实验似乎可以证明，意识完全可以决定物质。

我们前面提到的双缝干涉实验，就证明了意识决定物质。当我们想要观测光粒子的时候和我们不想观测光粒子的时候，产生的结果是截然不同的。

由于双缝干涉实验给经典物理学带来的冲击太大，在20世纪20

年代，玻尔提出了"互补原理"，对此进行了解释。玻尔认为，由于电子是一种粒子也是一种波，所以它们存在着"波粒二象性"，而波动性与粒子性又不会在同一次测量中出现，那么，二者在描述微观粒子时就是互斥的；另一方面，二者不同时出现就说明二者不会在实验中直接冲突。同时二者在描述微观现象、解释实验时又是缺一不可的，因此二者是"互补的"。

相信你身边有这样的朋友，在私下的场合中非常大方、亲切甚至有些小调皮，可一旦进入工作单位，立即变成了冷漠严厉的白领。之所以会产生这种截然相反的变化，是因为在私下场合很少有人观察她或者观察者都是极其亲密的人，而在工作场合都是同事、下属和老板，观察她的人很多，所以她就会展示出不同的一面，这就是因为她本身存在着"活泼女孩"和"严肃工作狂"的"叠加状态"。"活泼女孩"和"严肃工作狂"都是女孩的表现，两者缺一不可，是互补的。

但是，玻尔的解释其实也是"细思恐极"的。

我们知道，粒子是一种实体，虽然它对人类来说非常微小，可就是现实世界里真实存在的，但是波就不同了，它只能被感应到而无法呈现出真实的面貌。打个比方，你家里的路由器是实体，可以观测到，但是它发出的Wi-Fi信号你能看到吗？不能！就算你借来了电子显微镜，你也看不到Wi-Fi信号长什么样子，只能通过仪器去测量它的变化。同理，声音也是如此，它绝不会在某本科普杂志上出现，只能用声波图形去描述。

现在你明白了吧？玻尔的意思就是，粒子可以在某种状态下变成实体，也可以在某种状态下变成虚无。如果你看过电影《倩女幽魂》就能理解了：当你看着女鬼小倩的时候，她就是一个活生生的实体站在你面前；而当你转身离开之后，小倩就立即变成一道青烟消失，变成了虚无的鬼魂！

如果你现在脊背发凉，那还是太早了一点，告诉你一个更糟糕的结论：科学家们用亚原子粒子进行双缝实验的类实验时，得出的结论是完全一致的，也就是说不仅仅是光粒子具有这种"鬼魂"属性，所有的粒子都存在这种属性。听到这里，相信有的人已经反应过来了：那我们人类算什么？我们是不是也存在着实体和虚无的叠加状态呢？

其实这种推测未必是错的。

我们眼中的物质实体，都是由粒子组成的。只是像人这样的高级动物，构成成分相对复杂一些，所以我们可以看成是多种粒子的组合，也就适用于双缝干涉实验中的观察结果。那么，我们可以大胆地做出一种推论：

想想你身边的朋友，当你们见面的时候，他对你来说是一个实体，你们可以肩并肩地一起走路，也可以面对面地一起吃饭。但是在分别之后，他对你来说就不是一个实体了，他可能已经转化为一种虚无的存在。有人也许会马上提出反对：我可以和朋友视频聊天啊。没错，可视频信号也是电子的一种表达形式，它同样既可以是实体的也可以是虚无的，你怎么就能确定屏幕后面的人是真实存在的呢？

估计说到这里还有人不懂：我的朋友还不知道自己是实体的还是虚无的吗？只要我们在同一时刻都描述自己在干什么，不就能证明我们都是实体了吗？

你是不是忘了一个名词——观察者？

从你朋友的视角来看，你即使用一万字来描述自己的生活起居，对他来说，你依然是一个"虚无"的存在，而不是一个实体。即便有两架摄像机同时对准你们，看到的也是电子呈现的信号，只有当你们处于相同的时空状态时，你们对彼此来说才是实体存在的。

也许有些人会想起在分手时常说的一句话：我再也不想见到你了！

听起来这是气话，但是在量子的世界里，这意味着你做出了一个重大的决定：从今往后不再和某个人同在一个空间内，对方对你来说，永远就变成了虚无的存在。即便他能够发信息打电话给你，但那都不是他本来的面貌，无非是电子信号、声波而已。直白地说，他在你的世界里就是失去了实体状态。

因为颠覆了物质决定意识这个正统的理论解释，我们通过量子理论认识到了一个本末倒置的世界。按照一般常识来看，世界上存在什么事物，我们的眼睛才能看到什么事物，事物的存在是因，我们能看到是果。然而在量子的世界里完全相反，我们想看到是因，事物的存在是果。

量子世界对于经典物理学世界来说，的确存在着十分可怕的冲击力，让我们的正常思维和逻辑无法发挥作用，甚至会颠覆我们以往的认知。但是你不要担心，玻尔曾经说过一句话："谁不对量子物理感到困惑，他肯定不懂它。"

6.你以为好像来过，其实你真的来过

相信很多人有过或者听过这样的经历：某日来到一个陌生的地方，忽然觉得似曾相识，这种感觉并不是模糊不清的，而是可以回想起在这里发生的事情。于是，有人认为这是前世的轮回，是我们上辈子曾经到过这里，记忆被保留了下来。

对于这种现象，科学上也有一个解释，叫作即视感，也叫海马效应，但是对于它的成因却始终争论不休。有人认为是我们将梦境中的记忆错误地移植到现实中，也有人认为是大脑在处理信息时出现了问题。

我们知道，左右脑可以同时处理信息，只是侧重点不同，左脑擅长逻辑分析，右脑擅长形象感知。按照正常的生理机能，人们在面对一个新事物时，会将视觉上的刺激储存到大脑的海马区中，形成短期记忆。不过因为左右脑处理信息的速度不同，相对滞后的那半脑可能会把前几秒看到的场面当成是以前经历过的，将其储存到长期记忆的区块里，所以在看到某个场景时就认为那是多年以前发生的，总之这是一种错觉。

从心理学的角度看，人们在日常生活中接触的信息太多，不过

大脑的精力是有限的，会筛选信息，就会产生选择性记忆，比如把去过某地这件事遗忘了，因为它对我们的生活和工作没什么实际意义，但是当我们再次来到这个地方时就会误以为没有来过却感受过，所以就产生了神秘的即视感。

以上这些解释都是主流科学或者说是传统科学的解释，归根结底还是遵从经典物理学法则的：没去过就没见过，不可能通过其他方式感知到。

那么，如果我们换一种思维来看待即视感呢？

我们知道量子理论认为宇宙是存在着多个的，也就是你会有多个不同的分身。每个分身虽然在不同的宇宙中扮演着完全不同的社会角色，但是你们之间会存在着一种特殊的心灵感应，而且你们生活的世界会有很多相似之处。比如你所在的城市有一个小花园，平行宇宙的另一个你生活的城市里也有一个小花园，它们的布局可能是相似的。这样一来，当另一个你在那个小花园和恋人约会之后，这段记忆就保留在对方的脑海中，而你忽然某一天也来到这个小花园时，另一个你的记忆突然传送给了你，就会产生既视感。

为什么会有这个传输的动作发生呢？按理说，平行宇宙拥有各自的时空，它们都按照自身的规律有条不紊地运行着，在正常情况下是不会有交集的，但是偶尔也可能会发生时空扭曲的情况。比如我们之前介绍的黑洞和虫洞，它们一个可以扭曲时空，另一个可以连接时空，都可能让你们之间通过波函数进行记忆共享，于是就进入一个非常短暂的时空错乱状态。

除了时空错乱这个解释外，还有一种说法认为是量子纠缠造成的。也就是说你和平行世界的另一个你，并不需要通过时空的转换和共享来传递记忆，而是利用一种叫作"自由基"的东西来完成。

自由基在化学上也被叫作"游离基"，它是指化合物的分子在光热等外界条件下裂变形成的不成对的原子或者基团。你可以把它看成是细胞世界里的"单身狗"，不受另一半的控制，想去哪儿就去哪儿。但是，它和即视感有什么关系呢？

我们知道，鸟能飞行数千里不迷路，而它们身上也没有任何导航设备，这全靠它们对磁场的感应，而这个进行感应的生物系统单位就是自由基。自由基能够和地球磁场发生互动，产生纠缠电子的自旋变化，然后将这种潜在的变化转变为鸟类可以看到的"地图"，于是就能校正方向。

怎么样，是不是有点嫉妒鸟儿呢？其实我们人类也有自由基，也可以对磁场进行感应，只不过因为我们掌握着高科技，这种功能逐渐退化或者是被忽视了，但是我们的确自带着一套先进的量子系统，当磁场发生变化时我们就会感应到。

按照这个说法，即视感可以理解为，平行宇宙中的另一个你来到了那个小花园然后储存了这段记忆，当你第一次来到小花园的时候，一种神秘的磁场力量覆盖了你和他，你在瞬间读取了他的记忆，相当于两个粒子在遥远的宇宙间发生了超距作用，这样你就拥有了一段原本不属于你的记忆。

不过，事情也许还没有那么简单。

如果真的存在这种磁场干预下的纠缠现象，那么你和另一个你之间共享的可能不仅仅只是记忆，也可能是视觉、听觉、味觉、嗅觉等，也就是对方在品尝什么也会让你感觉到，这就等于赐给了你第六感。

　　打个比方，对方在另一个宇宙中探险，找到一串鲜红的植物，壮着胆子把它煮了吃了，结果食物中毒，五脏六腑翻腾起来。与此同时，你在纠缠作用的干预下也进行了一次探险，恰巧遇到了相同的植物，在纠缠作用下，你不需要品尝它就能预感到有危险，于是就拥有了神奇的"预见能力"。这样看来，那些对危险有着超强洞察能力的人，也许并非是故弄玄虚，可能是借助平行宇宙的另一个他额外获得了"经验包"。

　　不仅是第六感和量子纠缠有关，一见钟情、一见如故也可以这样解释：平行宇宙的另一个你曾经爱上一个女孩、交往过一个好兄弟，这些记忆通过磁场感应传递给了你，所以你就对你所在宇宙的那个女孩和兄弟产生了好感。正如贾宝玉初见林黛玉时，一口咬定在哪里见过，这其实不是前世姻缘，而是纠缠作用。

　　如此说来，我们每个人都不是孤独的，因为我们还有平行宇宙中的无数个分身，彼此偶尔会分享喜怒哀乐，甚至有可能同年同月同日死，或许，这也算是一种另类的知己吧。

　　似曾相识对于很多人来说，是一种美妙的体验，虽然我们目前无法完全做出合理的解释，但正因为有即视感的存在，让我们和不同的人之间会产生不同的化学反应。这种神奇的感觉让我们的社交生活和人生经历变得更加丰富和奇妙，这种体验感的意义有时胜过它背后的真实原因。

7. 假如时间可以扭转，会发生什么

  在人类掌握了大量的科技时代，我们制造了核武器，制造了航天飞机，制造了深海潜艇，然而还是有很多东西我们制造不出来，比如时间。

  时间对人类来说十分奇妙：在年幼的时候，我们渴望自己快快长大，时间流逝得快一些；可当我们步入中年之后，又会感觉到青春活力的消逝，盼望着时间走得慢一些；当我们垂老之际，一切似乎又进入了轮回：我们开始控制不住排尿排便，甚至忘了自己是谁……在这一刻，时间似乎又倒转回去。于是我们开始思索：为什么我们不能把时间牢牢控制在自己手中？

  说到这里需要科普一下，其实我们生活在一个四维时空里，不过仍然有很多人以为是三维空间，因为我们人类自己是三维物体，而第四维是时间，但因为时间的不可控让我们忽视了它也是这个时空的组成部分。

  其实呢，人类对时间并非一点办法也没有，根据现有的科技，我们可以加速一个人的衰老，比如让一个小男孩变成一个老大爷。当然这种技术没有什么现实意义，因为没有谁会愿意让自己的生命快速流逝,但是如果有人告诉你,他能把你从一个老大爷变成小男孩,你会不会激动得跳起来呢?

这个技术可不是什么穿越,而是利用"时间之箭",让它的箭头发生弯曲,这样我们就能像控制一段视频那样随意倒放或者快进。

关于时间的倒流,科学界有一句有趣的话,叫作"如何让倒出的牛奶自己回到瓶子里"。这是一个具有颠覆性的实验,实验原理是通过撤销波函数的传播让时间倒流。波函数是我们多次提到的概念,它是宇宙中普遍覆盖着的系统指数。换句话说,波函数当中标注了事物的属性。打个比方,你用数码相机拍摄了一组照片,在导入电脑之后,点开属性页面,你会看到拍摄设备、拍摄时间、像素大小等信息,波函数就相当于这些基础信息。如果将波函数撤销,这张照片就失去了拍摄时间、像素大小等基本属性,它可以是你昨天拍摄的,也可以是你明天准备拍摄的,它就变得完全不确定了。

波函数覆盖宇宙中几乎所有的粒子,而粒子又是构成我们这个宇宙空间的基础,所以可以想象撤销波函数会带来多大的变化!

在牛奶倒流这个实验中,科研人员首先通过量子计算机模拟单个粒子,让波函数随着时间的推移具备"波"的属性——如同水池中的波纹一样缓缓展开,紧接着在量子计算机中编写了一个特殊的算法,用这个算法对波函数的每个分量时间的演化进行了逆转,相当于把数码照片的拍摄时间修改为10年前。与此同时,将波纹重新拉回到创建它的粒子中,等于给这些粒子进行了一次彻底的洗脑:这张照片不是刚刚拍摄的,是10年前拍摄的!

通过这个实验,科研人员似乎已经触摸到了"时间的箭头",也明白了如何对它进行扭曲。更重要的是,这种扭曲并没有改变其他时空的状态，只是让这些已经倒进杯子里的牛奶"认为"自己还是停留在牛奶瓶中而不是杯子里。从这个角度看，牛奶自身的时间就实现了逆转。

为什么逆转时间会这么困难？说到这里，不得不提到热力学第二定律。前面我们讲过，它的基本定义是热量不能自发地从低温物体转移到高温物体。可如果深入挖掘它的定义，很多人会认为热力学第二定律是最"恐怖"的热力学定律，因为它证明了一个我们从情感上无法接受的事实：光明是短暂的，黑暗才是永恒的。

大家都知道，地球文明之所以能够建立和发展，是因为我们借助了来自太阳的能量，但是恒星不是永生的，它会死亡，在死亡之后我们地球理论上也会跟着一起灭亡。不仅如此，整个宇宙的恒星都有死亡的那一天，想想看，那个时刻到来之际，整个宇宙就像是一片巨大的立体坟场，寂静无声，死寂黑暗，极度深寒……或许正是基于对这个定律的畏惧和质疑，人们才不遗余力地想要让时间逆转。

根据熵增原理（后面我们会介绍这个概念），当时间不断推移的时候，宇宙中消耗的能量会增多，而在能量转化过程中的能量副产品就会充斥整个宇宙，那么宇宙的秩序也会变得越来越混乱。

2019年3月12日，美国和俄罗斯的科学研究人员公开了一项研究成果：他们通过两个量子比特级别的量子计算机操纵"时间之箭"，让亚原子粒子有机会扭曲时间的箭头。很多人都觉得这是在开玩笑：这不是公然违反热力学第二定律吗？

其实，第二定律并不是真的在任何条件下都保持不变。美国和俄罗斯的科研人员证明，由于实验过程很快，在扭曲时间的同时并没有让宇宙获得或者损失能量，相当于我们把办公室的时钟拨快了5分钟又迅速拨回来，不会被老板骂，而这是很重要的一个成就。想想看，如果我们真的制造了一部时间机器，每启动一次都要消耗大量的能量，那么根据能量守恒定律，我们就是在消耗宇宙的总能量，这和慢性自杀没什么分别。

虽然这个实验的结果带给人们欣喜的发现，不过它也暴露出一个严重的问题：在量子计算机开始运行程序以后，系统在85%的时间之内都能恢复到原始的状态。可如果引入了第三个量子比特（这个概念会在后面做出解释，在这里可以简单理解为增加计算能力的单位）增强运算能力的话，实验成功的时间就会降低到50%，原因在于引入第三个量子比特会增加系统的复杂性，让计算机控制扭曲时间的能力减弱。

有人也许听得一头雾水：明明是增强了运算能力怎么又减弱了控制能力了呢？我们打个比方，一个头脑简单的人，想要破解哥德巴赫猜想是完全没可能的，这代表他的控制力弱、脑回路构造简单。如果你改变了这个人的脑回路让他智商暴涨，那么他破解哥德巴赫猜想的概率就提升了，可这个时候你再打开他的大脑去做研究，就会发现它的结构更复杂也更难懂了。

所以，如果想要扭转时间，就得使用系统更大的量子计算机，它必须在增强运算能力的同时更容易被人类操控，否则扭曲时间可能会带来灾难性的后果。另外根据一些研究发现，假设宇宙允许开放类时曲线，那么对于旅行者来说就不能通过时间旅行回到某个时间节点上。因为这样的时间曲线是不能和过去产生任何作用的，简单说就是你来到未来再想回去的话，只能像看电影那样看来之前的那个你，而无法真正返回到那个特定的时空。

那么类时曲线是什么？它是物质粒子在时空中的一种世界线，类似于时间轴，有封闭和开放两种类型。封闭的类时曲线相当于往返车票，把粒子送出去必须得送回来，有着严格的因果关系；开放的类时曲线相当于单程车票，粒子送出去可以不再回到起始点，不影响因果关系。

现在明白了吗？如果扭转时空走的是闭合类时曲线，那就会触发"祖母悖论"。为了避免"自己杀死自己"的情况发生，不少量子物理学家开始尝试打破封闭的类时曲线，也就是开发出双行道而不是单行道，这样就不会产生因果关系。而根据量子理论，因果关系是可以被颠覆的，所以开放类时曲线的存在并非不可能。

时间，距离我们每个人很近，也距离我们每个人很远，我们活在时间里，却无法真正地感知它和操控它。不过，随着人类社会文明的不断进步，相信有越来越多的人会关注生活以外的事情，比如对量子科学的关注会和对娱乐明星的关注变得同等重要。或许到了那一天，科学精神会在人类社会中大范围地普及，我们也就有了研发黑科技的广泛群众基础，说不定那些曾经被我们认定为不可能的事情，能够在转眼间成为现实。

第四章

量子改变现代生活

1.如果你的狗走丢了，如何最快找到它

有一个可能会让你感到不适的问题：你是否曾经有过丢失爱犬爱猫的经历？如果你并不喜欢或者没有养小动物，那么身边总会有丢失宠物的可怜主人吧？那不妨代入到他们的情绪当中，想想看你在丢掉宠物之后的第一反应是什么？当然是最快地找到它，因为每耽误一分钟，它们可能会距离你更远，会遭遇各种不测。

据说，1/3的狗在它们短暂的一生中会走丢，而这1/3中能够回家的只有1/10，这个数据或许并不准确，但是听起来让人很伤感。所以，如果有一种最快找到狗狗的办法，相信是功德无量的大好事。

或许，这个办法已经被我们想出来了，它可不是什么万能的跟踪器，而是量子计算机。

2017年发生了一件轰动互联网的新闻：阿里巴巴进行了一系列的重磅发布，其中最引人关注的就是阿里云联合中国科学院量子信息与量子科技创新研究院共同宣布的"量子计算云平台"上线，这是当时所有发布信息中最具有科学性的一个。据说发布会现场人山人海，足见量子计算机正在受到越来越多人的关注。

量子计算是一种遵循量子力学规律，对量子信息单元进行调控

和计算的新型计算模式。简单解释一下，量子计算是一种全新的基于量子力学原理的计算模式，也就是会考虑到我们熟知的四大法则：不确定性、非连续性、跃迁性以及因果的复杂性。它和传统计算机存在着本质的不同，而它的计算速度也远超现在任何一台计算机。打个比方，传统的计算机是脚踏车，而量子计算机就是喷气式飞机。

和传统的通用计算机相比，量子计算机的计算效率更高。尤为值得一提的是，它可以解决传统计算机的一个计算盲点——叠加状态。相信大家对这个词已经不陌生，甚至有人可以联想到，当一只狗丢失之后，因为无法对其进行观测，所以它就会演变为"薛定谔的狗"：它可能在某个路口傻傻地等待着，可能在某个公园里活蹦乱跳，也可能被其他人带到自己家中……总之它会处于典型的叠加状态。

用相对专业的词语解释，量子计算机擅长解决的是优化问题，也就是说当你有一个指数级的排列数需要计算的时候，量子计算机就能发挥它最大的功能。听不懂？别着急，我们来看这样一个问题：如果你正在优化一条高铁路线的里程或者铁路网络的备件布局，那就存在着2^n种可能性，想要计算出哪一种才是最佳的解决方案，你就必须尽力尝试每一种可能性。

有人或许认为，这不过是一个复杂一点的计算公式，人脑算当然很吃力，但是普通的计算机甚至手机上的计算器貌似也能计算吧？这你可就低估它的复杂性了，对于传统计算机来说这种计算是相当耗时的。想想看，你的狗在丢失一个小时之后可能跑出的距离再加上可能遭遇的意外，这个结果要计算出来，你是希望越快越好还是越慢越好呢？如果使用量子计算机，通过一次操作就能解决它，那么这时候你再凭借对狗狗的了解和生活经验，就能至少锁定几个可能性最大的分析结果。

为何量子计算机会有如此高效的运算能力呢？如果从专业的角度解释，这里面需要说明的内容就非常复杂了，我们不妨简单地理解一下。

我们目前使用的计算机，大家都知道它是基于二进制的系统，也就是不管你操作着多么复杂的程序，对计算机而言，它的世界里只有"0"和"1"两个数字，有点类似于电报中的"嘀"和"嗒"。存储这两种形态中的一种的存储单位就叫作比特，每一个比特中存储的信息只能是"0"或者"1"，所以 n 个比特就可以表示为 2^n 个数之一。

量子计算机就完全不同了，它对应的存储单位是量子比特，而每一个量子比特储存的信息既可能是"0"也可能是"1"，就好像是"薛定谔的猫"一样，所以一个量子比特可以同时表示"0"和"1"两个数字。随着数量的累积，它的表达能力会以指数的形式上升，这样计算的话，它所包含的信息存储和提取能力就远远超过了传统计算机。

我们知道，计算和分析的基础是记忆，就像一个人只有掌握了大量的词汇之后才能写出流畅优美的文章，而量子计算机的存储能力强大到我们无法用现有的认识去理解，所以请它来帮忙分析我们遇到的问题再合适不过了。

那么新的问题来了，这么厉害的量子计算机现在被制造出来了吗？ 2011年5月11日，加拿大量子计算公司就正式发布了全球第一款商用型量子计算机，名字叫作"D-Wave One"。它采用了128个量子比特的处理器,这个数字意味着什么呢?有人计算过,如果一个量子计算机搭配了一个250个量子比特的存储器(由250个原子构成),那么它所存储的数字就是2^{250}。这个数字意味着什么呢?超过现在宇宙中所有的已知原子的数量!由此可知,加拿大这台量子计算机的理论运算速度已经超过了目前所有的超级计算机。不过说来也有点小遗憾,它还算不上是真正意义的量子计算机,因为它只能处理一些需要量子力学方法解决的特殊问题,比如"薛定谔的猫"或者"薛定谔的狗"之类,在做通用任务的时候还不如传统的硅处理器。而且,这台量子计算机比传统计算机的散热要求更苛刻,它只有在低温超导的状态下才能良好地运行,而且工作温度要接近绝对零度!

值得欣慰的是,目前中国也研发出了量子计算机,这也是阿里巴巴与中国科学院合作的前提。也许目前生产的量子计算机尚且处于发展阶段,但是它的诞生标志着人类对计算机的开发能力步入到一个全新的阶段。正如中国科学院院士潘建伟所说:"量子力学催生了第三次产业变革,目前它又为了解决重大的瓶颈问题做好了准备,这就是说我们量子力学本身正在孕育着新的一次革命。"

所以,在这次伟大的革命彻底完成之前,请看好你家的狗狗,千万不要让它们走丢了。

2.为什么你的烛光表白失败了？因为你没用量子点

虽然人类社会早已进入了电灯时代，但是蜡烛并没有因此被淘汰，而是在生活中扮演着特殊的角色，甚至成了浪漫、温馨、诗意的代名词。比如生日蛋糕上的蜡烛，比如搭配着红酒牛肉的蜡烛，尤其是一些年轻人在向心仪对象表白的时候，蜡烛更加成了不可或缺的工具之一。

人类为什么如此喜爱蜡烛呢？大概是因为火光跳动之间会产生一种独特的美。因为光对人类来说，是指引着我们从蛮荒走向文明的关键，原始人逐步进化也是从掌握火开始的。不过，从现代文明发展的角度看，火光带给人们的视觉体验已经十分落后了。想象一下，如果我们日常使用的电视机屏幕、电脑显示器都是依靠火光去照亮，那你将会看到暗淡、跳动的不稳定图像，就不会感受到和浪漫有关的小资情调了。那些表白失败的案例，也有不少是因为火光不够明亮或者点着点着就被风吹灭了，这么不吉利的兆头谁还能找到爱情的感觉呢？既然愉悦的情绪都没有了，又怎么会答应你的求爱呢？

说到这里，向你推荐一个远超过火光的新科技技术——量子点。

量子点是什么呢？它是非常小的半导体颗粒，通常只有几纳米大小，肉眼是无法看到的，所以它们的光电性质也和大颗粒的光电介质不同。它的发光原理是依靠电或者光对量子点的材料进行刺激，而这些材料会发射出特定频率的光，这些频率能够通过改变量子点的大小、形状变得更加和谐与精确。

打个比方，你捧着一大束玫瑰花，身后跟着三五好友，来到女生宿舍楼下准备摆上一堆心形的蜡烛示爱。可因为没办法站在高空中俯视，结果心形摆来摆去都是不对称的，好像是一颗患病的歪歪扭扭的心脏，相信这种情况会让你尴尬到想钻进地缝里去。可如果你换一种光介质，改用量子点的话，那么它们就可以根据你的要求自动进行调整，拼合出一个规整美丽的心形光亮图案，提高你的表白成功率。

正因为量子点可以随意进行调整，所以从理论上来讲，量子点所显示的色谱是具有连续性的，制造成本也更低。可能有的人对色谱的连续性有些不理解，那你应该听过"渐变"这个词吧？就是颜色、色相或者亮度逐渐过渡的表达方式，看起来是非常自然的，这是因为它是连续的；反之，如果是不连续的，这种过渡就会显得十分生硬。打个比方，连续的渐变是从浅绿变成深绿，非连续的渐变可能是从绿色变成蓝色，让人看着很不舒服。另外，我们也都知道"分辨率"这个词，通常分辨率越高，呈现的画面就越清晰。量子点的优势就在于，单位尺寸内比普通的光介质更多，也就意味着分辨率更高，呈现的画质也就更出色。

量子点和其他光介质不同，当它受到光或者电的刺激时，可以发出有色光线，不同大小尺寸的量子点能够产生不同的颜色，为什么会这样呢？我们知道光的波长决定了颜色，所以量子点颗粒越小，就越容易吸收长波，颗粒越大就越容易吸收短波。比如2纳米（1纳米 $=10^{-9}$米）大小的量子点能够吸收长波的红色，从而显示出蓝色；而8纳米大小的量子点能够吸收短波的蓝色，从而显示为红色。那么，这种功能有什么用呢？它所显示出的RGB三原色比其他材料更加纯净。

对显示器比较了解的朋友都知道，现在无论是台式机还是笔记本电脑，都追求的是高色域，而量子点因为能够显示细腻的颜色，所以色域更加宽广，超过了其他显示器。这样想想，用量子点做出的显示器去显示跳动摇曳的火光，当然更加赏心悦目了。

量子点被专业人士称为超原子或者人造原子，之所以有这种称谓，是因为量子点具有非常尖锐和离散的能级，也就是说能量的移动和分布更加自由。打个比方，你用已经干了的水彩颜料去画画，自然比不上全新的、流动的水彩颜料，而这正是量子点的优势之一。

听了量子点的这么多优势，恐怕有人会对它十分好奇：它到底是怎么做出来的呢？

简单来说，量子点是通过量子力学嵌入到半导体中的100个到100000个原子组成的。因为量子点的尺寸属于纳米范畴，所以无法通过光学显微镜观察，只能使用电子显微镜或者隧道显微镜观察，这就提升了它的科技含量和功能特性。

量子点作为一种革命性的新电子元件，是人类光电子学和量子信息处理的最大成果之一，它的物理特性起到了决定性的作用。从目前来看，人类制造出的量子点还没有真正发挥出它应有的功能。

可是如果我们把眼光放得长远一点，量子点在未来的发展前景光明、空间广阔，它可以去掉彩色滤光片这种传统的装置，还可以替代传统的发光荧光粉，变身为正式的发光层，成为一种全新的显示材料。它不仅会给显示器行业带来革命性的变化，还会彻底改变我们的视觉体验生活。

3. 惊奇队长烧开水的秘密

在美国电影《惊奇队长》中，惊奇队长为观众们展示了一个"徒手烧开水"的镜头：一只没有借助任何加热设备的手，仅仅是摸着水壶几秒钟就让它烧得通红！在惊奇队长显示了漫威宇宙中强悍的女英雄的战斗技能以后，不少粉丝们也难免"想入非非"，希望自己拥有如此强大的能力，去和邪恶势力做斗争。

其实，这个英雄梦距离我们并不遥远，它所涉及的是量子热力学，之所以在热力学前面加上了"量子"二字，是因为它的诞生从某种意义上颠覆了经典热力学。

在英国牛津大学的一间实验室里，量子物理学家使用绿色激光器，照射一堆光学纤维和镜子中的钻石。很快，钻石中的缺陷（这个缺陷是从光学角度定义的，比如部分结构反射有色光从而影响整体的发光感）都被照亮，晶体也开始发出红色的光。通过这束光，科学家们发现了一个不同寻常的现象：量子能够促使钻石的功率输出超过经典热力学限定的水平。当然这只是初步的实验结果，一旦结论成立，会对量子热力学研究产生非常重要的现实作用，像惊奇队长那样单手放热就能烧毁一艘宇宙战船的壮观场面，对人类来说就不是遥不可及的梦了。

在这个实验中，由氮原子创建的分散在钻石中的缺陷可以充当发动机，它是一台先后同高温热源和低温热源发生接触后执行操作的机器。研究人员希望，利用使一些电子同时在两种能量状态下存在的量子效应，让这类发动机能够在增强模式下运行。通过发射激光脉冲而非利用连续光束维持叠加态，能让钻石晶体更迅速地释放微波光子。

当然，从现阶段来看，量子热力学还是一个崭新的领域，和传统热力学相比，它主要研究在原子维度上控制热量并让能量流动的规律。

经典热力学定律是在19世纪构建和发展起来的，它的诞生主要来自蒸汽机和其他宏观系统，也就是瓦特烧开水时获得的启发。这些是人类用肉眼能够看得见的热力学现象，由此总结出了有关温度、热量等统计性的数据。但是大家也看明白了，这些都是根据宏观领域的热力学现象推导而出的，量子理论建立之后，一些科学家开始怀疑，经典热力学中定义的某些运动规律适用于微观世界吗？

事实上，全世界不少热力学专家都在试图探索量子热力学。2012年，一个致力于量子热力学研究的欧洲研究联盟建立，他们借助联盟的力量去研究量子引擎和量子制冷技术中的量子转换背后的原理，目前研究者们对量子引擎的相关知识已有了更深的理解和认识。

根据量子理论，分子的物理性质是具有盖然性的，也就是有可能但又不是必然的性质，如同"薛定谔的猫"，所以我们可以把它理解为同时存在"0"和"1"的关系。那么在量子纠缠的作用下，随着分子之间越发紧密的相互作用，和它们各自状态相关的信息会在越来越多的分子中间传递和分享，这就会增加热力学中的熵值。

这个"熵"又是什么东西呢？它是在1865年由德国物理学家克劳修斯提出的一个概念，最初是用来描述"能量退化"的物质状态参数之一，后来随着统计物理、信息论等一系列科学理论发展，熵被解释为一个系统"内在的混乱程度"。简单地说，熵是衡量我们这个世界中事物混乱程度的一个指标。熵增加，指的是系统的总能量不变，但其中可用部分减少，存在从高有序度转变成低有序度的趋势，反之可以理解为熵减少。

这里必须解释一下，熵增与我们的习惯认知不同，比如一摊汽油在燃烧，你觉得这是能量在消耗，应该是熵减，错了，这其实是熵增。因为汽油燃烧会让可用的能量变得越来越少，转化为其他能量。反之，如果一杯水被冻成了冰块，物质相同，形态从液态变为固态，混乱指数就减小了（你觉得一块冰掉在地板上难处理还是一杯水洒在地板上难处理呢），所以就是熵减。

如果我们将熵理解为量子理论中的观测行为，那么宇宙的演化过程可以看成是在没有信息损失的情况下进行的，因为有序还是无序取决于我们的观测，而熵本来就是人类自己设定的一个值。那么，一杯咖啡或者一个人，在我们不被观测的时候，熵值会上升。为什么这样说？咖啡因为变得越来越凉，能量耗尽，大量的热散发到空气中，这些都是我们无法利用的，也就是熵增。那么人怎么理解呢？因为人的新陈代谢每分钟每秒钟都在进行，也就是在逐渐衰老，能量也是在不断损失的，所以也是熵增。

根据热力学第二定律，热量不能自发地从低温物体转移到高温物体，也就是说在自然过程中，一个孤立系统的总混乱度是不会减小的，换言之就是熵增是常态。那么，如果以宏观视角来看，我们生活的宇宙也是一个孤立系统，恒星会死亡，热量会逐渐减少，这是一种必然趋势。但是，在量子世界里也是这样的吗？

通过前面的探讨，我们知道，量子物理定律存在着时间上的可逆性。打个比方，一杯热咖啡不一定非要变凉，它有可能在时间逆转的情况下回到"最热"的那个点。当然，要让时间可逆成为前提条件，那就必须介入"观察者"，换言之就是有像人类这样存在意识的第三方参与进去，那就有可能改变熵增的趋势，这也是量子热力学的奇妙所在，尽管在现阶段依然存在着很多争议。

目前对量子热力学的探索让人意识到，它能够产生一种神奇的燃料，就像惊奇队长不需要任何加热设备就能烧开水一样，量子热力学可能打破了经典热力学设置的限定条件，能够在看似没有增加能量的前提下，让发动机快速地提取能量，我们大胆地作出假设：量子热力学似乎可以让我们的永动机之梦得以实现。虽然研究还在进行当中，但是进程却是很快的，以色列的一位科学家甚至表示："这个领域的发展是如此之快，以至于我几乎可能要跟不上了。"

不过，由于量子热力学对经典热力学的挑战之大，也让不少人质疑它的理论基础是否可靠以及未来是否存在光明的前景，不过相信随着人们研究的深入，量子带给这个世界的革命力量会越来越强大，也会颠覆更多的传统认识。

4.如果华佗会用量子力开颅

看过小说《三国演义》的人都记得一个让人唏嘘的故事情节：一代神医华佗因为要给曹操开颅而被误会要加害于他，最后惨死狱中。不少人在感叹神医的命运时，也会思考一个问题：如果曹操答应了华佗，神医会用什么方法为他开颅呢？难道就不会出现意外吗？其实这是小说对历史真实人物的一种神化罢了，如果在东汉末年我们就拥有了开颅的医学成就，恐怕发展到今天都能把死人复活了。

不过，量子力学的发展已经逐渐走出经典物理学的势力范围，成为很多交叉学科的中坚力量，最典型的就是和医学领域相结合，这也让量子力学成为21世纪最尖端的科技和最伟大的成就。

量子医学是建立在量子力学、量子生物学、量子药理学以及生命信息学基础上的现代医学新门类，它将医学从细胞层次深入到了更微观的世界里：构成人体的基本微粒子，也就是说分析如何在量子层次为病人治病，为当今很多的疑难杂症甚至不治之症开辟了新的解决途径。

量子医学是建立在利用电磁辐射和人、动物以及植物世界相互作用的基础上，和传统医学相比，它正朝着一个全新的、有效的、快速的方向发展。因为量子物理学的研究对象包含了电磁场辐射，所以量子医学的本质是通过磁场以及测定生物体释放的振动频率大小，对病情进行诊断和治疗，所以也被称为"波动医学"（重点对人体的神经系统进行调理的医学方法）。也许有人不知道，我们人体也存在着磁场，当我们患病时就会发生微弱的能量波动，如同中医通过号脉去发现我们身体的变化一样。正因为这是一种全新思路的医疗方法，所以人们将量子医学看成是神奇的科技。

早在1944 年，奥地利物理学家薛定谔在《生命是什么？——活细胞的物理面貌》这本书中，就试图将量子力学、热力学以及生命科学的研究结合起来，不过受制于当时的科技水平只能作为一种"薛定谔的医学"设想。当然，我们现在依然处于探索阶段。不过，量子医学作为一个研究的新角度，是非常具有发展前景的。因为人体的细胞、水、无机盐等组成物质都是由分子构成的，而分子又是由原子构成的，原子当中都有电子。所以，如果我们从电子的角度去理解人体，或许就能用量子力学的原理去发现生物分子的结构和功能，这样就能进一步把细胞分化和新陈代谢的机制、遗传与变异等问题研究透彻。

可能有人觉得，外有西医，内有中医，量子医学真的有必要存在吗？其实这就像你的手机坏了，什么人修理得最好呢？肯定是能把硬件拆分到最小单位的八级修理工，因为人家能准确找出是哪个部件出了问题。如果你亲自动手，能把电池拆下来就不错了。量子医学能从微观的角度去"修理"人体，当然就有它存在的价值。

科学家们也不是只停留在幻想之中，在生物医学领域，已经从宏观现象描述转到细胞水平和亚细胞水平的现象描述，这当然也借助了量子科学的理论和实践。其中，影响最大的就是医学类的电子设备，它们可用于对特殊人群的治疗，特别是能够影响生物系统的某些效应，比如电磁场、能量代谢等。

想想看，如果华佗和曹操生活在量子医学成熟的时代，他们之间还会发生致命的误会吗？估计不会了。按照人们的推测，曹操是因头风之类的脑部疾病死亡的，那么如果华佗掌握了量子医学的技术，只需一台量子共振检测仪就能准确找到病灶，让曹操相信他的诊断，那么接下来再做开颅手术就能顺利地治疗了，致命的误会就变成了医患之间的美丽邂逅。

虽然这些只是对量子医学的展望，不过把量子技术和物理学理论相结合并应用于生命科学，这种思路是没什么问题的。我们甚至可以再大胆地作出假设：华佗根本不需用寒光闪闪的手术刀给曹操开颅，而是借助量子科学就能"兵不血刃"地完成治疗。

目前，日本有几家制造商和科研院所，正在努力开发一种全新的癌症治疗设备，依靠激光技术将重粒子射线治疗设备改造成"量子手术刀"，打算在10年内投入使用，如果能开发成功，可以大大降低治疗费用。要知道，量子手术刀的最大优势在于，只在局部对病灶进行清理，将人体承受的负担降到最低，不过它所需要的加速器可能有一个足球场那么大。不过别害怕，它的实际治疗设备也只有长20米、宽10米左右，所产生的治疗效果很可能改写人类的医学发展进程。

随着人们对量子医学的不断深入研究，我们也借助量子理论看到了一个人体微观世界。当我们的视野被放大以后，很多貌似难解的病症也被一起放大了，我们可以清晰地目睹它产生、发展、扩散的全过程，在此基础上就有了针对性的治疗办法。

5.小人国真的存在

　　英国作家斯威夫特的《格列佛游记》一度是风靡世界的奇幻小说，这本书里讲的故事虽然听起来都不怎么"靠谱"，却为我们展示了一个个光怪陆离的国度和种族，像什么"大人国""飞人国"等，其中让人印象深刻的是一个神秘的"小人国"。"小人国"的国民们拥有着正常人类的思维和行为模式，也建立了属于自己的文明，唯一的特征就是个头很小，差不多相当于人的手掌那么大。

　　除了《格列佛游记》描述了小人国之外，世界上还有不少童话故事、冒险小说甚至科幻小说都幻想存在着某个小人国或者小人种族。他们相当于人类的微缩版，在一个未知的世界里自由自在地生活着。

　　其实，人类对微缩的世界有一种独特的偏好，那么多宅男宅女喜欢的模型玩具就是例证。毕竟相对于身材和力量都超过我们的巨人来说，小人国威胁性更小，甚至可以成为我们手中的"宠物"。从科学的角度看，人类对微缩生命的迷恋，是一种心理层面的渴望，这种渴望超出了人类的感知器官，只能用一种类似期待的情感去解释。

不过，从宏观的物理视角去看，世界上，不，整个宇宙中或许真的存在着未被人类发现的小人，毕竟在宇宙中还存在着大量未知的星系、星体乃至暗物质和暗能量，没人知道它们当中是否存在着我们理解的"生命"，自然地，这些生命的形态很可能与我们差距很大。

英国一位天体物理学家认为，这个世界存在着很多未被发现的真相，很可能是超出人类认知和理解范畴的。比如，人类虽然能够用望远镜观察宇宙，但并不能看到全部的物理事实，也许其中存在着我们完全无法了解的空间维度，在那里会有超出我们认定的法则的存在。

就拿传说中的小人国来说，它既可以是一个经典物理学的概念，也可以是一个量子领域的概念。小人国中的人可能不像格列佛看到的手掌大小的人，而是我们肉眼无法看到的人。如果从魔法的角度看，这些生命体可能是会隐形的生物，就像《指环王》中戴上魔戒的人一样，只是他们的存在依靠的不是任何魔法，而是建立在量子物理学的基础上的。

在17世纪显微镜刚刚被发明出来的时候，人们通过它看到了用肉眼无法看到的微生物。于是就有人开始思考一个问题：如果人是上帝创造世界的终极目的，那为什么还要创造这些人类无法看到的东西呢？更让人震惊的是，在微观的世界里，一切并没有因为"缩水"而变得混乱，反而是更加井然有序，甚至比宏观世界的物质还要精巧和微妙，带给人们无限的遐想。据说，一位英国的哲学家在第一次用显微镜看到被放大的跳蚤时，竟然被跳蚤毛的结构和排列次序惊呆了，他认为自己看到了一种独特的艺术之美。

小人国对我们来说意味着什么？或许就是代表了跳蚤之美的微观世界。

那么，我们不妨大胆地假设一下，如果真的存在小人国，而且他们就是从属于量子世界的，他们会是一种什么样的生活状态呢？

我们知道，量子的世界拥有着一套"波粒二象性"的不变法则，也就是光可以是波，也可以是粒子。也许，当你用一架超强的电子显微镜观察到这些小人的时候，他们会变成了波，只能看到在空气中掠过的空气弧线，或者这些小人跳进水中，你只能看到泛起的微微涟漪，却无法看到探出来的脑袋。当你懒得去观察他们的时候，他们会变回到粒子状态，也就是和人相似的身体结构，过着和我们既相同又完全不同的生活。

有意思的是，这些粒子大小的生命，他们的日常生活和我们不同，如果他们想要穿过一道狭缝的时候，原本想按照直线穿过去，这样最节省时间，然而当他们经过狭缝的一瞬间，身体就会不受控制，就像双缝干涉实验证明的那样，会最终从不同的地点走出狭缝，而且每一次穿过狭缝，都会在附近出口的地面上留下印迹（不是脚印）。当他们穿越的次数积累到一定程度时，这些印迹就会连接成波状的形态。

怎么样，现在是不是觉得这些量子小人挺可怜的？想好好走一条直线都不行。其实，更可怜的事情可不止于此。

如果这些量子小人跑着冲向自己的爱人，想要给对方一个痛快的拥抱外加法式长吻，他们会最终撞击在一起然后迅速地弹开。听起来有点悲伤和可笑，然而这就是粒子的自身属性，如果这对小人情侣反复地冲撞，也会留下清晰的痕迹，最终变成波纹一样的形状。

好了，其实这些量子小人的生活也不都是这么悲催的，有时候他们也非常可爱，比如他们走上一条狭窄的楼梯时，不会像我们一样一步一步走上去，而是会跳着走上去。这是因为在量子的世界里运动是不连续的，所以小人的动作就像是播放幻灯片一样，是一帧一帧的，看起来就像是僵尸跳那样，因为量子小人的能量会因为狭小的空间逐步增加。

如果你是一个对色彩十分敏感的人，不小心来到量子小人国以后，你可能会过得非常痛苦，因为量子世界的感知和经典物理学世界有很大不同。在量子世界，我们眼睛能够看到的光波波长在390~780纳米（通用数据，目前存在争议）之间，比原子和分子大很多，而单个原子或者分子，它们可不像宏观世界里的物体那样能够反射可见光，光对它们来说是互不相扰的，原子和分子只能吸收特定波长的光，比如蓝光和红光，所以你很难看到一个色彩丰富的世界。不过，有一点好处是你不曾想到的。在量子世界，你和一个原子也没有分别，所以你能够将特定波长的光吸收并变成自己的能量，这也是我们之前探讨的有关量子热力学的未解现象之一。说不定，你的身体还能发出这些特殊的光，而你也会在吸收光的瞬间拥有奇异的力量，最终变成一个超级英雄。

如果这个世界上真的存在量子小人国，我们可以这样理解它：那是一个既有趣奇妙又单调乏味的世界。说它是奇妙的，因为我们在宏观世界里的很多法则都要被推翻，要尝试一种全新的生活状态；说它是单调的，是因为受到某些量子法则的影响，它所展示出的世界特性是简单的，毕竟到处都是粒子，没法看到形状各异、结构复杂的物体。更尴尬的是，量子小人可能就和电子、中子、质子这些粒子一样，长得没有任何区别，因为他们已经不能再被分割了。

　　这样的小人国，你还幻想着去体验一下吗？

6. 重返18岁——量子克隆技术

自从两万多年前，人类在石壁上创作了火化的壁画以后，人们就一直在关注死后到底去了什么地方，于是有了宗教上的各种解释：天堂、地狱、六道轮回……对于生死，神学一直不遗余力地将它和人生、修行、原罪结合在一起。古代埃及、古代中国、古代美洲，这三大文明都认为人类是有来世的。相比之下，尴尬的倒是科学，因为它一直无法给出一个标准的答案：死亡究竟对我们意味着什么？

不过，这种尴尬似乎随着科技的进步被消除了。国外一位名叫凯瑟琳的物理学家指出，未来人类可以通过量子复活技术获得重生，不过这可不是游戏里的"原地复活"或者"回城复活"，而是直接进入到遥远的未来复活。

这个大胆的预言让很多人瞠目结舌，人们似乎看到了科学和神学的异曲同工之处。说到这个推论，我们先来讲一个名词——玻尔兹曼大脑。

玻尔兹曼大脑是科学家们假想出来的，它是一种产生于混乱中熵的涨落的自我意识。熵这个名词我们之前提到过，是一种人为设定的混乱程度指数。在科学家们看来，人类的自我意识是一种低熵态，也就是混乱指数较低，意味着我们的自主意识是强大的。奥地利物理学家路德维希·玻尔兹曼就此提出论点：假设已知的低熵态宇宙是源于熵的涨落，那涨落中应该会存在一些低熵的自我意识，比如一个孤单的大脑（因为是独立存在，所以不会发生混乱，而如果是一堆大脑聚在一起开会那就是高熵态）。这个假想的"孤单大脑"就被称作玻尔兹曼大脑。

凯瑟琳认为，量子复活技术对所有人都是适用的，因为我们每个人在宇宙中的寿命都是无穷无尽的，而且从量子理论的应用法则来看，一切都存在着不确定性，这个不确定性就决定了万事都有概率，并没有什么绝对不可能的事情。而且，起死回生，一直是人类共同的心愿，它和长生不老一样，都源于人们对死亡的恐惧和对生的向往。

当然，从生物学的角度来说，我们说一个人死了，就是大脑停止活动，心脏停止跳动，身体的器官处于永久变质的状态。从经典物理学的角度看，人虽然死去，但是身体会变成有机物质，重新进行生态循环，那么大脑作为人的意志的载体，也会在一切灰飞烟灭之后消失。

这听起来实在是让人悲伤。不过别担心，人类是很聪明的，特别是在克隆技术诞生之后，有些人已经想到了，如果我们身体的某个部件出了问题，那就克隆一个换上，反正都是自己的基因不会存在排异反应。可问题在于，如果是一个病入膏肓的老人，全身的细胞都已经老化衰退了，你要换几个部件才够呢？从分子生物学的角度看，细胞的衰老和染色体的端粒长度有关，这些决定着人类的寿命长短，即便你克隆出了复制品，它原来是什么样现在还是什么样，最多能延续几年生命而已，和我们幻想着的长生还差得远呢。

我们知道，在微观的尺度中，比如以原子尺度去观察基因，那么复制率就可能是100%。更重要的是，量子就是研究波和粒子的，而人的意识其实就是脑电波，产生脑电波的是神经元，神经元是由若干个细胞构成的。

假设我们从原子级别对细胞进行重组，那么复制出来的神经元和"原版"就没什么区别了。按照这个思路，当我们克服了种种困难，对人体的数万亿的原子种类进行扫描之后，再依靠量子计算机的超级运算能力，就完全可以进行原子重组而不是细胞重组了。

有人可能会担心，方法有了，可是原材料上哪儿去找？总不能从活人身上提取吧？

当然不用，别忘记我们老祖宗说过我们是源于尘土的。其实还真是这样，人体内所有的原子都能在土壤中找到。只要我们将一堆土中的全部元素提取出来，再扫描这个人18岁时所有原子的排列组合并上传云端，这个人死去以后，我们就可以下载这个人18岁时的排列组合信息，那么就能重新构建出一个18岁的他，当然他的记忆也是停留在这个时间段。

也许有人觉得，这样的记忆不够完整，可是一个人真的活到七老八十再去世，必然会经历很多痛苦和不幸，与其带着沧桑感复活不如带着一颗初心重返人间。这就像我们在对电脑系统进行ghost镜像时，都会选择在刚刚装完系统、垃圾最少、数据最纯净的时候，那么18岁对大多数人来说，也是一个充满活力、燃烧激情、编织梦想的美好时间点吧。

不过有个问题似乎无法避免，从伦理学的角度看，一个耄耋老人重返18岁，如果他的后人还健在的话，这种关系怕是比较麻烦。毕竟管一个比自己小几十岁的人叫爸爸妈妈挺尴尬的，而且对方还可能不认识自己。幸好，这是一个社会学问题，对于量子技术而言，它所能做到的已经是极致了。

如果能够不断重返18岁，那我们就实现了永生，不知道你是否也期待着这样的生命体验呢？也许，这是量子科学诞生后，带给人类最美妙最动人的希望吧。

第五章

小说、电影中的隐藏 BOSS：量子

1. 交换身体:《你的名字》中的量子场

喜欢日本动漫的朋友，想必一定看过由新海诚执导的《你的名字》，这部动画电影在2016年于日本上映后引起了强烈的反响，赚了不少性情中人的眼泪。文艺不分国界，中国在同一年引进这部电影后，又让很多人感动了一把。

准备好纸巾，让我们来简单回顾一下这部电影，看看你能发现什么端倪。

《你的名字》是一部画面绚烂多彩的影片，梦幻、唯美、忧伤……电影并不只是玩弄色彩和格调，也会像细腻真实的雨水，直击心灵。按照导演新海诚的说法，电影的故事源于一首日本歌曲，歌词大意是:"梦里相逢人不见，若知是梦何须醒。纵然梦里常幽会，怎比真如见一回。"这段对梦的美丽描述，让新海诚心潮起伏，构想出一个在梦中交换身体的故事，又加入了千年一遇的彗星作为故事背景，整个故事顿时变得有趣和吸引人了。

女主角三叶生活在乡村，母亲早逝，父亲忙于竞选，她缺少关爱，厌倦小镇平淡的生活，向往着繁华热闹的东京。男主角泷则是东京的一名高中生，和父亲相依为命，常去餐厅打工，过着一样平淡的生活。后来在梦中，三叶进入了泷的身体，实现了她的都市生活之梦，而泷也进入三叶的身体，变成了帅气的女孩，正面迎击所有流言蜚语。三叶和泷开始给对方留下当天的日记，通过文字进行交流。这对少男少女在梦中感受彼此生活的同时也影响了对方的周边。一日，三叶赶到东京迫切想要见泷一面，然而当见面之后却发现对方并不认识自己，三叶顿时心如刀绞，认为梦终究是美丽的泡沫便匆匆离去。三叶的出现也让泷的内心惊起波澜，他不断回忆自己是否在哪里见过三叶，经过他的努力追查，最后竟得知三叶所在的村镇早在三个月前就被彗星毁掉了。泷这才恍然大悟：和自己互换身体的是三年前的三叶，那时他还根本不认识三叶，两个人被时空相隔，直到泷在一个神秘的山洞通过口嚼酒才了解到三叶的一切。后来，他想尽一切办法来拯救三叶，历经千辛万苦，三叶终于在灾难中活了下来，来到东京生活，而泷也没有离开东京，只是他们遗忘了梦中的故事，忘记了那个不该忘掉却注定忘掉的名字，只是隐隐记得自己一直在追寻某个人。在影片的结尾，三叶和泷在初春时节的地铁上相遇，似曾相似的感觉油然而生，他们开始拼命地寻找对方。然而在一段台阶前，碰面的他们却没有勇气开口，只是吞咽下冲动低头擦身而过，最终泷大喊一声：我好像在哪里见过你。三叶顿时梨花带雨地回复：我也是。

这是一个让人感动到极致的故事，也是一个有些烧脑的爱情故事。当然如果是不愿意动脑的观众，单看影片中的爱情故事也是足够过瘾的。但是，如果你在贡献了眼泪之后，想要细细咀摸故事里隐藏的科学原理，那就需要了解一定的量子力学知识了。

电影最吸引人的情节，恐怕就是两个人在梦中互换身体了。这

　　首先引出一个问题：人为什么会做梦？不谈弗洛伊德的《梦的解析》，单从物理学的角度分析三叶和泷的梦，他们其实是发生了关联，这种关联让他们各自的世界产生了交集，在这个交集中他们共享了量子场。

　　量子场是怎么回事呢？我们先来解释一下"场"的概念。在经典物理学中，场是指在某种空间区域，其中具有一定性质的物体能对与之不相接触的类似物体施加一种力。打个比方，把一块磁铁放在一个手表附近，手表里面的钢制部件渐渐被磁化，这就是在不接触的情况下磁场发生了作用。

　　"场"的概念我们了解了，那么量子场是什么呢？它描述的是微观运动规律。再来看那块磁铁和手表，用量子场解释的话，就不是什么磁场和钢制零件的问题了，而是磁场中的波粒和钢制零件中的原子之间的互动关系。虽然量子场并不完全和经典物理学的"场"相悖，但是它的解读方式更加"诡异"，因为一旦进入量子的世界，一切就充满了不确定性。

　　那么，三叶为什么偏偏和泷在梦中交换了身体而不是别人呢？这是因为他们的量子场发生了关联。别忘了，我们每个人都是可以被拆分成粒子的，当然也就有了量子场。不过，我们的高矮胖瘦不一样，脾气秉性不一样，量子场肯定也不一样，所以就有了"投缘"这种说法：看到某个人就觉得亲切甚至似曾相识，又看到某个人会觉得讨厌……说白了都是量子场合不合的问题。

　　三叶和泷都是性格单纯善良的人，而且他们在心底都向往着对方的生活，这种强烈的意识自然产生了思维上的动能，让他们各自的量子场活跃起来并追逐着对方，当他们最终邂逅并产生联系后，就像量子纠缠一样永久性地在对方那里留下了印记。

乡下和都市，原本是相隔而望，但我们知道量子间的信息传输是不受空间和时间限制的，即便距离很远、时间相隔三年，两人也能实时感应到对方，对三叶和泷而言，就是缘来了，分有了，两个人就可以愉快地玩耍了。在这个玩耍的过程中，三叶的量子场和泷的量子场就不再是两个独立的场，而是产生了一定程度的融合，所以就能互相影响对方的生活。

说到这儿估计有人不服气：这都是胡乱猜的。你还别说，证据是真的有。不知道大家有没有注意一个细节：三叶头上戴着的红发带和泷手上的红绳。在影片里，泷变的三叶就没有红发带，三叶变的泷也没有红绳，这可不是画师漏画了，而是提醒我们这是一个非常关键的道具。什么道具呢？红发带和红绳很可能起着粒子加速器的作用！

先别笑，粒子加速器可不是凭空编造的概念，它可是和"场"有密切关系的。1998年，美国的布鲁克海文实验室建造了一台粒子加速器。那么，这到底是个什么东西呢？它是一个沿很强的、环绕的超磁场排列起来的巨大的隧道，通过建立超磁场让原子以接近光速的速度推进，当它对准某个目标来一发的时候就能让这个目标产生奇怪的"场"。说得再明确点，就是把人家原来好好的场给扭曲了，而扭曲的症状通常就是时空错乱。

回头再看三叶的红发带和泷的红绳，因为它们是粒子加速器，所以能够扭曲时空，把量子场搞乱，这一乱不要紧，他们就能通过梦这种反经典物理学存在的交互方式直接干扰对方的现实生活，这样就很好地解释了为啥世界那么大就他们的量子场那么强。

　　当量子场被搞乱以后，三叶和泷所在的世界就失去了原有的逻辑性，也就是明明我认识你你却把我当路人的悲伤爱情桥段。你们还记得三叶和泷分开的那一次吗？三叶的发带掉了，被泷拿到了，两个人之后再没有在梦中互换身体。粒子加速器没了，量子场虽然合拍可是余额不足，所以浪漫的邂逅就终止了，两个人曾经共享的量子场被解散群聊了。

　　在影片的高潮阶段，泷在陨石坑附近听到三叶的声音却看不到她的人，这是因为他们的量子场依然存在着微弱的关联，这种关联可以打破时空限制，所以三叶的声音仍然能传递出去到达泷所在的这个时空。

　　因为量子场，泷和三叶通过梦发生了关联；因为粒子加速器，泷和三叶可以扭曲对方的场并影响他们的生活，这么一看，《你的名字》可以改名叫《量子爱情》，或许这才是爱情本来的样子吧。

2.你知道《彗星来的那一夜》原名叫《相干性》吗

　　前些年有一部热播的韩剧叫《来自星星的你》，不少观众特别是女同胞们看了之后，都忍不住幻想自己能遇到一个又帅又有超能力的外星帅哥。想想也是，一个外星人，跨越成百上千万光年来到你身边，这绝对是真爱。可是，如果来的这个外星人和你长得一模一样，甚至可以说就是你的复制粘贴版本，你是感动还是害怕呢？别不当回事，这个剧情还真就被一个导演拍成了电影，它就是《彗星来的那一夜》。

　　《彗星来的那一夜》是由詹姆斯·布柯特自编自导的烧脑科幻片，虽然没什么华丽的特效和气势磅礴的大场面，但是有着能杀死脑细胞的剧情以及扎实的科学理论基础。

　　电影的开头可以说俗得司空见惯，有八个人打算在一个出现彗星的夜晚聚会，然后我们可爱的女主角艾米丽就出场了，然而艾米丽给男友莫瑞打电话的时候，手机忽然没了信号，接着手机屏幕也碎了，这算是做了个小铺垫。紧接着，当艾米丽赶到聚会的房子时，因为人还没有到齐，先到的几个人就开启了侃大山模式，然而奇怪的事情发生了：当大家说到劳丽要来的时候，在场的麦克竟然一脸茫然，表示不认识，于是一种诡异的气氛开始弥漫。随着小伙伴们陆续到齐，聚会正式开始，这时艾米丽讲了一个彗星之夜某女谋害亲夫的毁三观故事，然而更毁三观的是，这个女人说她杀的人根本不是她的丈夫。别小看艾米丽的这个地摊文学故事，它直接把电影的主题带出来了。也就在这时，房间忽然停电，大家纷纷向窗外看过去，发现周围漆黑一片，只有在距离他们不远的地方有一个房子亮着灯。于是其中的四个人拿着蓝色的荧光棒出去查看，令人毛骨悚然的一幕出现了，他们竟然在路的对面看到另外四个他们，手中拿着的是红色的荧光棒！

这反转的剧情太刺激了，让八个人彻底懵了，他们意识到可能是时空出现了交错，世界正在被多个维度割裂。为了避免混乱，他们就在物品上做出标记用以区分，然而在其他维度的他们也做了同样的事情。这样一来，大家越来越分不清身边的人是否来自其他维度，猜疑、恐惧和茫然像瘟疫一般迅速扩散，最后他们用不同的数字分别标记八个人，以此作为暗号。没过多久，有人从外面带回来一个笔记本，上面记录着相似的标注人名的数字，气氛再度紧张。接下来的剧情，就是来自多个空间的人进行争吵、对抗乃至杀戮……而这也是本片最为烧脑的部分，因为观众真的很难梳理出哪些人是来自初始空间的，哪些人是半路杀出来的……不过，也有细心的观众回过味来：刚开始出现的那个麦克肯定是来自别的空间，所以才不认识劳丽。连观众都被折磨得快疯了，故事里的小伙伴们更是在相互猜疑和攻击的状态下，勉强撑到了第二天。有意思的是，故事的结局是开放性的，男主角遇到了女主角并把结婚戒指给了她，然而就在这时尴尬的一幕发生了：男主角接到了来自另一个空间的女主角的电话，气氛顿时凝固。

这部电影不仅考验智商还考验眼睛，因为很多细节都做得相当到位，有些处女座的观众一边看片子一边拿出纸笔标记已经出现了多少人，主角1、主角2、配角1、配角2……如果你没有看过这部片子，建议看上两遍，如果已经看过最好重温一遍。

剧情虽然复杂，可我们把它理解成为"宇宙大乱斗"就好办了，另外也别被这么文艺的名字给骗了，其实这部片子原名叫《相干性》或者《相干效应》。说实话，这名字起得非常不接地气，但是这也证明了导演的野心：我就要拍一部硬核的科幻片。没错，光凭《相干性》这个名字就能列入量子力学的经典科普教育片中。

"相干性"到底是什么意思呢？从物理学的定义上讲，指的是为了产生显著的干涉现象，波所具备的性质。如果把这个定义说得更广泛一些，相干性描述的是波和自己以及其他波之间对某种物理量的关联性质，而它所作用的范围包括时间和空间。对于相干性，量子力学的正统学派——哥本哈根学派的解释是，人的主观观测会影响微观实体的客观存在性，这也是"薛定谔的猫"所探讨的问题。

还记得那个一脸茫然参加聚会的异空间麦克吗？根据多重世界的理论，宇宙里有千千万万个麦克，当然每个人都有自己的编号，地球上的麦克就是一个二十八线的小演员，其他空间里的可能是当红老鲜肉或者是大总统，所以就有了麦克1号、麦克2号、麦克3号……他们之间如果随意组合肯定会有不同的结果，比如咱们的地球麦克和总统麦克碰在一起可能就相安无事，因为俩人没啥交集。如果地球麦克和当红老鲜肉麦克碰在一起，地球麦克估计就要羡慕嫉妒恨，同样的脸为啥你出名了，而我却默默无闻？

现在明白了吗？宇宙里甭管是波还是粒子再或者是什么生命体，他们相遇之后都会发生不同的结果，这就是相干性。其实这是一种挺微妙的东西，所以导演在片子里故意用一些看似是穿帮的小细节去证明相干性的客观存在。比如，麦克在做饭的时候，一个镜头显示他在和别人说话，而另一个镜头又显示他其实在靠近窗户的位置上切面包，这就从侧面说明了他们是来自两个不同空间的麦克。

估计冰雪聪明的你也发现了，如果这些不同空间的人没有发现对方的存在也就是没有充当观察者，那么也不会发生后面那么多惊心动魄的事情了。就像两个麦克，一个口若悬河地跟妹子聊天，另一个挥舞小刀切着面包，谁也碍不着谁的事儿。不过问题在于，当另一种量子现象发生时，这种平衡就被打破了，那就是"退相干"。

简单粗暴地解释，退相干就是"波函数坍缩效应"，具体一点解释，就是指原来的相干性出现了衰减，彼此之间的关联发生了变化，从不确定性变成了确定性。就像我们刚才说的那样，地球麦克可能会嫉妒老鲜肉麦克，但是这只是一种猜测，毕竟人家目前还是遵纪守法的好市民，可一旦遭遇了，眼珠子发红，脑子短路，俩人发生了冲突，这就是发生了退相干。套用游戏里的一句术语，这叫作"触发剧情"。

那么，是什么导致了退相干发生呢？可能是外界的原因，也可能是内部的原因。外界的比如刮风下雨磁暴，内部的比如自旋衰变，而导演给出的外力是彗星。因为彗星从地球附近经过，就相当于在量子的世界里打破了原有的不确定性，给其他存在造成了影响。在人类的字典里，彗星往往代表着灾祸和诡异的事情，它让人们相聚，让人们脑洞大开，让人们处在提心吊胆的心理环境中……这些彗星带来的影响都在把若干种可能逐步转变为一种可能，因此在影片的后半部分里，有的人被杀掉了，有的人进入了另外的空间……乱成了一锅粥。

导演不仅是一个高智商的学霸，也是一个"细节帝"，他在电影中用"停电"来暗示退相干游戏开始，不过不是所有的屋子都停电，这完美地展示出了量子的不确定性。因为如果是整个宇宙齐刷刷地发生退相干，这实在是太不"量子"了。

可能看完这部电影的人会觉得，退相干实在是太可怕了，它让我们失去了对生活的幻想，还怎么做一个单纯善良的小可爱呢？如果相干性不被打破，那么我们未来的人生会有多种变化：可能会在阳光明媚的一天找到工作，可能会在浪漫的雨季邂逅另一半……每个人的世界里都有很多个"房间"、很多个朋友和恋人，这些元素又可以无限组合，当然组合的结局可能是幸福美满也可能是你死我活。

说到这儿，你是不是觉得自己发现了电影的主题，有点小激动呢？醒醒吧，像詹姆斯这种怪才，不会这么鲜明地表达一个主题，毕竟人家给了我们开放性的结局，男主角的世界里出现了两个女主角，可能会再来一波相杀，也可能变成相爱。

表面上看起来，事情的变化并不受到我们的操控，可仔细想想，如果我们能够坚守住初心，不像初始空间的女主角在失意后放弃，说不定就能获得一个正向的结果。再或者，当我们发现多维度空间被开启之后，不贸然走出房间而是留在原来的世界里，那我们每个人就是独立的宇宙，能够隔绝外物的干扰，其他世界爱谁谁，都和我无关。或许，这才是从相干性中挖掘的积极态度，要不然，你愿意整天徘徊在天堂和地狱之间吗？

3.《蚁人》：如果你是蚁人，你会经历什么

相信不少朋友都看过漫威电影系列中的《蚁人》，估计更有不少人第一次接触量子这个概念也是通过这部电影。在影片中，蚁人因为将身体变小到极限而进入了一个被称为量子领域的世界。这个世界有着奇妙的景观，和我们了解的宏观世界完全不同：既有点像热带丛林，但又有着相对规则的奇妙图案……让我们在看电影的时候非常激动，不过激动之余，恐怕很多人还是无法理解，量子领域到底是个什么东西呢？

其实，"量子领域"的诞生正是随着普朗克定义量子而开始，它所研究的范畴就是原子、电子甚至是亚原子的世界。我们都知道，原子是小于分子的存在，在社会大众的认知体系中是不可再分的，然而这个认知并不准确，原子之下还有远远小于它的亚原子。

那么，亚原子世界是什么样子呢？

不知道有人看过凡尔纳的《海底两万里》吗？这本书中曾经描述过一个场景：挪威海岸的一个超级庞大的旋涡，吞食了一艘名叫诺第留斯号的潜艇。那个旋涡形状十分恐怖，让认真阅读描述文字的你犹如身临其境。其实，亚原子世界也差不多是这个景象，就是

和我们在电影《蚁人》中见到的相似。你可以把这个世界想象为一个被无形的勺子搅拌的咖啡杯，也可以把它看成是被巨大的龙卷风扰乱的世界，整个世界就是处在巨大的旋涡当中。

那么亚原子的世界除了旋涡这种可怕但壮美的背景墙之外，就没有别的东西了吗？当然不是，如果你缩小成和蚁人一样，那就能在亚原子世界里看到很多粒子和能量流。粒子就是像光子、电子那样传输能量的微小颗粒，而能量流就是由不同能量组成的流体。打个比方，你向空中扔出一个球，这个球是粒子，而被球带动的风可以理解为能量流。那么，在亚原子的世界里，粒子和能量流就会像开瓶器的螺旋一样发生轴旋转，由此产生了旋涡光束。

旋涡光束可不是孤独的存在，每一道光束其实都有着一个清晰的轨道角动量。什么是轨道角动量呢？从定义上讲，它代表电子绕传播轴旋转，是由能量流围绕光轴旋转而产生的，让电磁波的相位波前呈涡旋状。这么说估计你又要听晕了，其实轨道角动量的示意图很像是一颗旋转的螺丝钉，电子围绕着螺丝上面的旋线运动。好了，接下来你想象一下：拿着一颗螺丝钉按在一块木板上，然后拿着螺丝刀使劲去拧它，螺丝钉慢慢旋进木板里，你的力量越大，螺丝钉的旋转速度就越快，就越能轻松地转进木板里，这就是轨道角动量的模拟。

在亚原子世界，每一个粒子都是围绕着一个定点进行旋转的。你可以把它理解为无数只手、无数把螺丝刀在拧着无数颗螺丝钉，这些螺丝钉在这个奇妙空间里相遇，总要发生点什么故事吧？对，用科学的说法就是能够提供和物质相互作用的新途径，也就是说这些粒子在相互作用中进行了重新组合。这个很好理解，我们把鸡蛋、西红柿当成两个粒子，单独炒鸡蛋是一道菜，凉拌西红柿也是一道菜，把它们放在一起就成了鸡蛋炒西红柿，而粒子之间的新通道就是这么产生的。

既然量子领域如此奇妙，我们是否可以变小后进入这个世界呢？其实，这个想法不只你有过，国外一些科学家也曾经考虑过，然而经过设想推断之后，认为这种可能性非常小，原因并不在于如何把人类变小，而是人类变小之后所要面临的种种现实问题。

比如，当我们的身体被缩小到原来的1/10以后，首先就要面对一个最严重的问题，我们的呼吸和散热会变得非常困难。这是因为我们的肺部功能和皮肤结构需要重新面对一个新的环境，空气中的氧气含量、细菌以及其他微生物都会变大，我们的身体防御能力会直线下降。而且，科学家们也研究过电影中蚁人的超能力，在变小之后要骑在蚂蚁身上或者和坏人打架，这些都是很难完成的，因为我们的肌肉结构也会随着身体的缩小发生变化。简单来说，我们个子变小了，力量也会变小，到时候别说是和正常人类打架了，恐怕一只蟑螂都会追得我们满世界乱窜。

另外还有一点，量子领域对我们来说不单单是一个缩小的世界，你可以把它看成是一个全新的世界，只是大小和我们所处的经典物理学世界不同而已。举个例子，1纳米相当于4倍原子那么大，比细菌的长度还要小，我们的眼睛是否还能保持相应的视觉功能就很难说了。

那么问题来了：人类缩小到一定限度真的会发生这么大变化吗？我们自身还不是按照相同的比例构成的吗？我们先来了解一种动物——水熊虫。

　　如果你看过《蚁人2》这部电影，相信不会忘掉这个外表萌萌的小家伙。水熊虫是缓步动物，外表就像一头长着很多小短腿的熊。它的体形非常小，最小的只有50微米，最大的也不过1.4毫米，只能通过显微镜发现它们。水熊虫全身覆盖着一层水膜，它们具有防止身体干燥和呼吸氧气的功能。目前水熊虫是人类已知的生命力最强的动物，可以在外太空生存，可以在海拔6000米以上的地方生存，也可以在4000米以下的深海中生存，甚至在真空环境中也能生存，而且对高温、极寒、高压、高辐射都有相当强的抵抗能力。它还有一种极强的本领——隐生，也就是当它们遭遇极端恶劣的环境时会进入到休眠的状态，这和熊、青蛙的冬眠完全不同，因为它可以在没有食物的条件下存活10年！

　　也许你不理解，明明在探讨人类如何进入量子领域，怎么又扯到水熊虫了呢？我们可以换位思考一下，水熊虫近似于生活在量子领域这种微观的世界里，它们遭遇的外界影响都是"天崩地裂"等级的。一阵风可以把它们吹出很远，一不小心就会被困在缺衣少吃的封闭空间里，所以人家才练出了在极端环境下生存的特殊身体结构。如果我们也进入到水熊虫生存的世界，就凭我们人类的肉体能够生存下去吗？

　　所以，如果我们想要亲身体验量子领域，需要解决的难题不仅仅是如何缩小到这种程度，还必须解决缩小以后需要面临的新环境问题。听起来这似乎距离实现还很遥远，不过也许这个难题最终会被你攻破呢。

4.最"毁三观"的电影：颠倒因果的《蝴蝶效应》

没有人愿意吃药，不过有一种药可能很多人都会抢着吃，那就是后悔药。

不管你多大年纪，回头看看走过的路，总能找到让你后悔的几件事：选错了专业、买错了衣服、交错了朋友……当这些事注定不可逆的时候，就是俗话说的"没有后悔药可买"的时刻了。不过，如果有一天别人告诉你，可以逆转过去，你是什么样的心情呢？今天我们来探讨一下《蝴蝶效应》这部烧脑的电影。

故事的主角叫伊万，一个有着不幸童年、性格忧郁的大学生。在小时候，他经历了一系列可怕的事情，毁掉了原本完美的人生。于是，他开始选择性遗忘，童年那些可怕的记忆令他无法安心，可是他却怎么也记不起来当年发生了什么。心理医生苦口婆心劝他，世界那么大，为什么不出去走走。伊万走倒是没走多远，笔记却写了一堆，为的就是想起当年到底发生了什么事儿。伊万有个叫唐尼的发小，因为精神创伤成了自闭狂人，伊万还有个青梅竹马的朋友凯莉，虽然在小餐厅打工，可人家知足者常乐……有一天，伊万发现自己有了能穿越到过去的超能力，不过这种能力也会在改变过去的同时影响未来，是一个非常危险的游戏。然而，伊万大胆地行动了，他想让自己的过去变得完美，于是乎就一次又一次地穿越，像个修补系统bug的程序员，不过他比程序员狠多了，每次穿越都得闹出点乱子甚至是人命。

伊万第一次穿越回去，痛斥了汤米的父亲并警告他管好儿子汤米，结果这句话终结了一种恶却激发了另一种恶，让汤米被父亲虐待的程度更严重了，结果在成年后，伊万在和汤米打架时把汤米杀了。于是伊万第二次穿越，这一次，他给了手足无措的唐尼一件武器，原本让他正当防卫的，结果却激起了唐尼心中的恶，导致汤米再一次被杀，而凯莉沦为了妓女，结局更遭了。没办法，伊万又进行了第三次穿越，这一次捅的篓子更大，他在炸弹案中选择主动终止罪行，汤米受到他的影响也参与了拯救并获得了灵魂的升华，结果伊万被炸成了残疾，同时失去了凯莉。伊万的妈妈也因为儿子变成残废而烟不离手，结果罹患肺癌。第四次穿越，伊万选择毁掉雷管却意外将雷管引爆，把凯莉炸死了……每一次穿越都以血淋淋的事实教育着伊万，最后伊万和凯莉的爱情故事也破灭了，他心如死灰，穿越回自己还在子宫里的时候，用脐带勒死了自己。

穿越时空在科幻电影里绝对算老套路了，可通过穿越时空去改变既定发生的事情并一次又一次被挫败，这个组合套路还是有点新意的，特别是导演成功运用了蒙太奇的手法表达出了伊万精神崩溃的过程，也给观众抛出一个话题：现在过得好好的，为什么非要改变过去呢？

伊万虽然是一个虚构的角色，可现实生活中和他有一样想法的人不在少数，只是我们没有像他那样的超能力，因为我们生活的世界要受到经典物理学的一条规律制约，那就是因果论。

什么是因果？你爱上了骑马，这是因，然后你就去了草原，这是果，这是不能颠倒的。如果你先去了草原，可能你爱上的就是烤全羊。所以，因果论是我们生活的这个宏观世界的运行法则。

我们知道，在经典物理学中，"果"是由"连续的"和"渐进的"以及"确定的"三个要素组成的，可在量子物理学中恰恰相反：我们首先设定一个结果和测量方式，然后再去验证结果。你要还是不明白，那我们回想一下黑体辐射和双缝干涉实验，不都是先设定一个结果然后通过观察去验证结果是否可靠吗？最后我们发现了量子的四大特征：不确定性、跃迁性、非连续性、因果复杂性。

现在划重点，因果复杂性。

说到这个，我们还得讨论一下电影为什么叫《蝴蝶效应》。通俗地解释，就是你的一个微小变化就能对整个系统产生连锁反应。想想看伊万的每一次穿越，其实他要干的也不是什么大事，无非就是救自己的狗狗、挽留心爱的女孩、拯救发小不堪的灵魂等，可是他改变的每一件小事都会引发一场意外，完全超出他事先的计划。

伊万悲惨的结局可不是导演刻意安排的，这完全符合量子的因果复杂性这个特征。本来，伊万最初的"果"是一个记忆残缺的忧郁男孩，可他偏偏要去改变过去。好吧，在量子的世界里这个可以做到，但是你改了原来的因，果也不是原来的果了。你心爱的女孩可能直接死了，可能再也不搭理你了；你的发小可能不自闭了，却成了杀人犯……听起来是不是很复杂？那就对了，这就是因果的复杂性。

说到这里，又得引出一个概念：混沌。在经典力学中，混沌是泛指在确定体系中出现的、貌似无规律的随机运动，而在量子力学中，按照推论也应该存在量子的不规则运动，那就是量子混沌。那么这两种混沌有什么区别吗？很简单，你听说过"祖母悖论"吧？就是说让你穿越回去把自己的祖母杀了，那就没有你了，那你又怎么穿越回去的呢？问题来了，伊万穿越回胎儿时期，用脐带把自己勒死了，这个貌似也说不过去吧？因为他要是胎死腹中了，未来的他又是怎么穿越回去的呢？

所以，《蝴蝶效应》使用的是量子混沌系统，在这个系统中可以无视因果关系，"长大的我杀掉胎儿的我"原则上是成立的。可不要觉得这是天方夜谭，"蝴蝶效应"解释的就是非线性系统在一定条件下出现混沌现象的直接原因。

什么是非线性呢？就是指不按比例、不成直线的关系，它代表的就是不规则的运动和突变。在电影里，伊万可以自由自在地改变过去，但又衍生出各种更加糟糕的未来，结果就是现在影响了过去，过去影响了未来（现在），乱成了一锅粥，这就是量子混沌。看起来有点乱，其实这不正符合量子的"不确定性"吗？说白了就是，伊万的一个决定就是一个触发点，这个点能够引发多种结局，至于是哪种结局，只有上帝知道了。

可能有胆小鬼要害怕了：量子的因果可以随意颠倒，这不是折磨人吗？其实量子混沌的真相并不是"乱"，而是乱中有序。伊万从故事一开始的时候就很颓废，表面上在追求完美的生活，骨子里却始终摆脱不了颓废的因子。他从来没想过要成为什么样的人，穿越到过去也不过是想改变童年不幸的经历，结果就出了各种意外，让他的未来越改越糟糕。量子终究是科学，它也有自身的规律，如果伊万不去穿越，从现在做起，干点有意义的事情，完全有可能做出一番事业来，把凯莉娶回家。

换个角度看，量子的因果论可以理解为一种逆向思维，如果你觉得过去的错造成了今天的惨，那你为什么不努力一下，一旦有了好的结果，回头再看看过去的错，不就是一段厚积薄发、积累经验的励志故事吗？何错之有？这也是用"果"改变了"因"。

5. 量子人你怕不怕？让人"细思恐极"的《球状闪电》

　　从科幻小说诞生那一天起，很多和科技有关的特殊人类就成了我们的梦魇。《化身博士》里喝了药就能变身成恶魔的双重人格，《隐形人》中来无影去无踪的科学怪人，他们都拥有超出常人的异能，估计看看小说还没啥问题，真要是身边存在着这么一帮高科技奇葩，怕是连睡觉都不安稳了。不过，这些还不是最可怕的，因为他们好歹能被杀死，然而有那么一种人，可以永远地活着。

　　这种人就是量子人，出自中国科幻领军人物刘慈欣的名作——《球状闪电》。

　　虽然这是一本有关爱情的小说，不过你要是在晚上看它，心里多少会有点惊悸的感觉。

　　故事的主角陈博士，有着一段惨不忍睹的童年经历，他亲眼看到一个神秘的闪电球从窗外飘了进来然后将他的爸妈烧成了灰烬。长大后，陈博士爱上了物理学，因为他想知道到底是什么力量造成了父母的惨剧。后来，陈博士到泰山参与了一个闪电研究项目，认识了一个叫林云的美女，两人迅速擦出了爱情的火花。但是，陈博士发现林云研究球状闪电是想把它当成战争武器攻击敌军的航母或者坦克，这可是目睹双亲被闪电烧成灰烬的他不愿意接受的。可是在爱情面前，陈博士最终还是顺从了林云。为了推导出球状闪电的数学模型，林云入侵了一个外国网站，后来被人家发现了并留言让她到俄罗斯的某个地方。当他们到达当地的球状闪电研究基地后，得知这里成功触发了27个球状闪电并电死了工程师的老婆孩子。

陈博士特别同情工程师，决定放弃研究球状闪电，于是和林云分道扬镳了。不久之后，林云的男友找到了陈博士，让他阻止林云。陈博士被迫加入了球状闪电的研究基地，后来因为自己研究的球状闪电击杀了几十个被劫持的小学生，陈博士陷入了自责，最后离开了研究所。不久，战争爆发了，林云的球状闪电投入战场却没有杀死敌人，伤害的都是自己人。万念俱灰的林云强行开启宏原子聚变实验，研究出威力更大的球状闪电，结果实验倒是成功了，也把几百公里的土地化为灰烬，她自己也化成了量子态。最终，陈博士和大学同学戴琳结了婚，可他的房间里面永远摆放着一个空花瓶，那里面是林云曾经为他插上的量子玫瑰。

不得不说，《球状闪电》将厚重的写实风格和丰富的科学幻想融为一体，难怪被看成是比它名气更大的《三体》的前作。

当然，让更多读者津津乐道的，还是"量子人"。在故事里，林云变成了量子人以后，简直成了无所不能的超级英雄，她把核电站里被球状闪电击毙的恐怖分子和孩子们变成了量子幽灵，还能让他们出现在照片中。简单说，量子人虽然在现实世界已经死掉了，但是他们还存在于这个世界的量子空间中。

很多人都在讨论林云为什么如此厉害，难道人成为量子态以后就鸟枪换炮无所不能了吗？其实，所谓的量子态就是量子化了而已。

在物理学的定义中，量子态就是描述粒子运动状态的表征。人类本来也是由微观粒子组成的，但是你不能说自己是量子人，因为你站在宏观世界里，你身上的量子在宏观尺度下是表现不出量子的特征的，除非你能像蚁人那样缩小进入微观世界。

那么问题来了，林云是怎么变成量子人的呢？

林云是在核聚变的过程中完成量子化的，说白了就是在粒子高速运动（撞击、摧毁、吞噬等）的环境下完成的，肉体被消灭得干干净净，直接化整为零进入量子世界，林云的记忆没有丢失，只不过换了个载体。这么说你不懂的话，我们可以打个比方，你家里的电脑是可见的，机箱里的硬盘保存着你的数据，相当于人类的记忆，而量子化以后，就等于把你电脑里的数据上传到了网络云里，虽然网络云也需要有硬件作为载体，但是对你来说，你看不见网络云是什么样子，而你的数据可以通过云端随时调取出来，就相当于藏在量子空间里的林云和宏观世界的人接触一样。

在林云变成了量子人以后，她的活动范围就是在量子的世界里了，对宏观世界造成不了什么影响，一般人也看不到她，可她却能随意出入任何地方。想象一下，你身边是否也存在着像林云这样的量子人呢？他们躲藏在你生活的宏观世界里的某个秘密空间之中，虽然不能直接触碰你，但是可以观察你，还能以别的方式让你知道他的存在，比如在你的照片里露个脸摆个剪刀手什么的。也许，我们生活的世界就是碳基生物和量子生物共存的世界，只是我们住在"宏观世界区"，"他们"住在"量子世界区"。

回头再看《球状闪电》，其实有不少关于这方面的暗示。比如，陈博士在大二暑假回老家的时候，在多年无人居住的老屋里四处徘徊，明明一个人影都没有，却总感觉这里有人生活的痕迹。

逝者犹生，这简直是恐怖小说的故事逻辑。但是仔细琢磨一下，这不正符合量子力学的"叠加态"的理论吗？人已经死了，但同时又是活着的状态。

当然，以刘慈欣的科学底蕴，他笔下的世界无论多么诡异，都是和科学挂钩的，而量子人也不是什么怪异的存在，他们身上必然残留着人的属性，比如意识和感情，这也是《球状闪电》被刘慈欣定位为爱情故事的出发点吧。只不过，我们要把量子人当成一种特殊的生命体，它遵循的是量子世界的规律和法则。

你看，林云在变成量子人以后，还是十分想念父亲，没事会和父亲聊聊人生理想，还特意把一朵蓝色的量子玫瑰插在陈博士家的花瓶里，这种温情，似乎比她"活着"的时候更突出也更耐人寻味。我们知道，宏观世界和量子世界不是完全割裂的，它们之间有入口，就像虫洞能把两个不同的空间连起来一样。

陈博士第二次发现量子人的活动痕迹，和他的大学导师张彬有关。张彬是一个球状闪电专家，妻子在1971年被球状闪电烧死，然而陈博士在查阅她的遗物时，竟然在一张照片上看到了一张三英寸的电脑软盘——这可是20世纪80年代以后才出现的！

如果换作其他小说，可能读者会理解为时空穿越，然而有了量子人的铺垫，我们就可以理解为张彬的妻子也完成了量子化，而在量子的世界里时间是可逆的，她自然也能把80年代的东西带回到70年代并且进入照片。因为对粒子来说，过去和现在没什么区别，它们不过是宇宙中的一部分而已。

陈博士第三次发现量子生命的活动痕迹，是量子羊。当时是深更半夜，他和林云等人在研究基地里听到了神秘的羊叫声，而这些羊本来在实验中被球状闪电化为灰烬了，可声音却依然能够保留。是不是可以这样推测：这些羊也变成了量子态，它们仍然以另外一种形式"活着"，所以研究基地里的声音不是被录好的，而是现场直播！只是人们看不到它们而已！

《球状闪电》真是一本让人"细思恐极"的小说，它以科幻为内核，让我们在脑洞大开的同时禁不住脊背发凉。在量子世界里，有太多让人不可思议的怪异现象，不断地颠覆我们的世界观。我们肉眼所见并不是世界的全部，还有很多的未解之谜等待着我们去探索和发现。

第六章

盘点神话中的量子

1. 人参果可能是量子产品

想必很多人都记得《西游记》中提到了一种神奇的果实——人参果。按照书中介绍，这种人形的神奇果实只要吃了就能活四万七千年，妥妥的长生不老。在了解完这个故事以后，有不少人会陷入遐想：如果我也能吃一个人参果，长生不老该有多好呢！当然，肯定有人会说，这都是神话故事，是瞎编的，这世界上根本不可能有人参果！

话不要说得那么绝对，也许随着人类技术的发展，开发出人参果也未尝不可能。这并非在开玩笑，经过分析之后可以发现，人参果并不是什么神话果实，可能是一种量子食品！

如果你不信，我们就来分析一下。

第一，为何长生不老？

在回答这个问题之前，恐怕有人已经按捺不住地要问：如果人参果真的是量子产品，那么为什么它可以用肉眼看得到呢？其实，这个问题的答案就是人参果长生不老的秘密。

请你回忆下书中是如何介绍人参果的："三千年一开花，三千年一结果，再三千年才得熟……闻一闻，就活三百六十岁；吃上一个，就活四万七千年。"简单说，九千年这个果子才能长成，可耗费这么长时间、吸收这么多营养的果子，为什么和普通的苹果、梨这些水果大小别无二致呢？很可能它就是由无数个小人参果聚合而成的，所以吃一个才有这么强大的延年益寿的功能。换句话说，九千年长出了无数个原子，它们聚合在一起形成了一个放大版的人形原子，这就是在宏观世界里的人参果，它就像一颗铀原子构成的原子弹，可以在外界的刺激下发生链式反应，让它积攒了九千年的能量得到爆发，从而提供给人类难以想象的丰富营养。

我们不妨想想压缩饼干和普通饼干的区别：从外观上看大小差不多，但是质量却有很大差别，因为压缩饼干的营养成分更加密集，也就更耐饿。同理，人参果可能也是高密度的食物，当然这种高密度还不至于像黑洞那样具有吸收星体和光的能力，它无非是将多种营养物质，比如维生素A、维生素B、维生素C这些东西聚合在一起，能够减缓新陈代谢，人吃了自然就延缓衰老了。

第二，为何掉进土中消失？

大家还记得，孙悟空第一次摘人参果的时候，用了金击子击打，但是果子落地之后就消失了，后来在土地爷的介绍下，孙悟空才得知原来人参果与五行相克：遇金而落，遇木而枯，遇水而化，遇火而焦，遇土而入。听了这番解释，孙悟空才知道用衣服兜住了再去击打人参果。

这段故事看起来合情合理，但是如果仔细想想还存在一个疑点：人参果掉进土里是消失了吗？如果没有消失，那么土地爷应该有本事把它拿出来，但是他敢欺骗孙悟空独吞吗？当然不敢，那么唯一的合理解释就是真的消失了。

经典物理学认为物质是不灭的，能量是守恒的，一个能让人长生不老的神奇食物，怎么可能在遇到土地之后就凭空不见了呢？有人认为这可能是某种化学反应，但是"遇土而入"明明强调的是"入"，而非消失，否则就应该说成是"遇土而消"。

既然经典物理学解释不了，那么我们用量子理论来解释一下，答案就很清晰了。

金木水火土，代表的是宏观世界的元素，它们遵守着牛顿的物理学定律，而人参果却和这五种元素个个相克，那么它很可能并不遵守经典物理学的规律，而是遵守量子世界的规律：不确定性和跃迁性。当孙悟空用金击子敲打人参果的时候，人参果就做了一个高速的量子运动，它并非真的落进了土中，而是跃迁到另一个空间里，所以在土地中是找不到它的影子的。

如果你觉得这个推理有些牵强，那我们再加一条证据：土地爷告诉孙悟空，人参果树下面的土就是钢钻也钻不动，比生铁还硬。孙悟空用如意金箍棒去敲打地面，结果泥土毫发无伤。我们知道，金箍棒原是定海神针，在神话世界里堪称坚硬之物，加上孙悟空的神力，理论上是没有什么东西砸不坏的，但是却拿看似柔软的泥土没有办法，为什么会这样呢？

答案很简单，因为金箍棒只是宏观世界的产品，它只能进行硬碰硬的操作，而人参果是量子产品，它可以在瞬间分解成无数颗微小的粒子穿透土层。由此也可以推断：养育人参果的这片土地是宏观世界和量子世界的隔断和分界点，所以符合牛顿经典定律的东西是不能轻易穿透的，就像你很难用一把大锤砸死一只水熊虫。土地爷也不过是生活在表层罢了，并没有真的深入到量子世界的终端，自然，任凭孙悟空有多大本事也无法穿过这道屏障。

第三，为何长在五庄观里？

我们知道，人参果是五庄观的宝贝，而五庄观的主人镇元大仙是地仙之祖，是一个连观音菩萨都要礼让三分的重要角色。通过他和孙悟空的几次交手可以看出，孙悟空根本不是他的对手。如此厉害的角色和如此厉害的果子捆绑在一起，原本也是一件合情合理的事，但有一个事情却并不合理，那就是镇元大仙的两个徒弟清风和明月，按照书中介绍一个已经有1200岁，一个1320岁，比孙悟空年纪还大！

有人可能觉得这有什么，清风、明月是两个得道的仙童，长寿不是正常的吗？要知道，长寿可不是一件容易的事情。按照中国神话的设定，神仙理论上也是会死的，他们只有通过补充增长寿命的食物才能做到永生不死。在《西游记》中就介绍了三种长生不老的食物：蟠桃、人参果和唐僧肉。蟠桃是清风、明月绝对没有机会吃到的，而人参果上一次成熟是九千年以前，他们还没生出来，唐僧肉也被排除了……那么仅仅依靠镇元大仙，是不可能凭空让两个弟子增长寿命的，否则他还有必要视人参果树如珍宝吗？

在排除了一切不可能的因素之后，那么剩下的解释就是最接近真相的了：清风和明月之所以长寿，是因为五庄观的土地与众不同！

在前面的推理中，我们似乎发现了人参果树下面土地的秘密：连接未知的量子世界。那么按照这个逻辑推理，整个五庄观就是一个保护量子世界入口的关键，所以才有镇元大仙这种超越天仙却守在地上的神人坐镇。换句话说，整个五庄观因为最接近量子领域，就会受到量子力的影响，从而造成时空的扭曲，因此生活在这里的清风和明月，他们的衰老速度就明显慢于外面的人，所以不用吃长寿食物也能延年益寿。同时，这个推理也揭示了人参果生长如此缓慢的秘密：因为它自然成熟的时间被拉长了，所以才有机会在漫长的时间里一点一点地吸收营养物质。

总而言之，即便是跳出量子理论，镇元大仙也好，五庄观也罢，他们能够在属于凡间的地上存在那么长时间，已经不能用"地仙之祖"这样的名头去解释了。他们守护的土地必然是具有天上都没有的灵气，而这种灵气可以用神话来解释，也可以用量子理论中的波函数来解释，即人参果是一种集成了超级能量的特殊食品，它拥有改造人类细胞的功能，因此才有如此强大的延寿功用。

或许，人参果的秘密还有很多，如果你还想一探究竟，不如带着量子思维重读一次《西游记》吧！

2. 孙悟空的专业是统计学

孙悟空是中国人家喻户晓的艺术形象了，从影视作品到小说戏剧再到卡通动漫，这只神奇的猴子成为中国人不断谈论、消费的大IP，甚至有人把它当成是中国的超级英雄。在网络上经常有类似的提问：孙悟空和灭霸谁更厉害？孙悟空能否单挑复仇者联盟？……虽然都是说着玩的娱乐性话题，可孙悟空能够得到这么多人的关注，不仅是因为这个形象深入人心，更因为它拥有超强大的能力：七十二般变化、腾云驾雾、金刚不坏之身、召唤各路神仙……毫不夸张地说，孙悟空几乎集合了大多数超级英雄的技能。

当然，人们在幻想和崇拜之余，也都十分清楚，这一切不过是神话创作而已，现实世界里怎么可能有这样的猴子存在——哪怕是一个人也不可能啊！可是如果有人告诉你，用量子科学的观点看，孙悟空的存在有理有据，你会不会三观被震碎呢？

其实，很多神话故事中的传奇都可以用现代科技解释，比如哪吒的三头六臂就是现在的器官移植之术，金箍棒可以看成是形状记忆合金，毫毛变成小猴子就是克隆技术……不过，真正闪瞎我们眼睛的还是孙悟空的飞行之力。

在吴承恩的笔下，孙悟空一个筋斗能够飞行十万八千里，那么推算一下，它的飞行速度相当于每秒钟几万公里，这个速度对于现代人来说也是难以想象的。当然这个问题我们要分开来看，如果给我们发一块筋斗云，我们也能够以孙悟空的速度飞行，并且身体完全可以承受得了，因为人体结构在理论上是能够接受高速飞行的。但问题的关键在于，孙悟空从启动到飞达目的地几乎不需要耗费任何时间，而且在小说和影视剧中我们可以看到，孙悟空不会受到惯性的影响，想在哪里着陆就在哪里着陆，让运动瞬间变为静止，这个才是最震惊现代科技逻辑的。

有人也许不理解，瞬间停止怎么了？要知道，如果人体在瞬间静止，那么身体将会过载。如果是飞行加速的时候，血液会从头部流向全身，大脑会缺氧，视力会模糊甚至失明；如果是飞行减速的时候，血液会从身体各处流向大脑，产生眩晕感。所以，很多注重科学法则的硬核科幻小说，都会对在宇宙中高速飞行的宇航员加上有效的保护装备，这样才能避免在高速飞行时身体被严重伤坏，才符合经典物理学规律。

那么，我们的身体能承受多大的极限呢？

根据科学统计，人类能够长时间承受的加速度是3G（G表示重力）左右。超过这个数字就会有危险，所以宇航员在加速或者减速飞行的时候都会采取平躺的姿势，让头部和身体各处的血液保持在相对平衡的方向上缓解伤害。我们不妨大胆地推测一下：高速飞行的孙悟空，如果它和正常人类一样只能承受3G的加速度力量，那么它从静止状态加速到1/3的光速需要900多个小时。如果孙悟空因为吃了蟠桃和金丹变得身体异于常人，能够承受300G的重力加速度，也需要加速9个多小时才能达到1/3的光速，根本无法完成瞬间飞行而又瞬间落地的动作。即便让300G这个数值再提升一些，也是无法用经典物理学去理解的。

分析到这，你是不是发现了一个隐藏几百年的问题：孙悟空的十万八千里到底是一个速度问题，还是一个空间问题呢？如果我们用重力加速度去分析遇到了障碍，不妨就换一个角度去思考：其实孙悟空并非飞得有多快，而是能够瞬间跨越空间的障碍来到某个目的地！

这样一来，我们就从经典物理学的层面转移到量子学说的层面，那么孙悟空穿越空间的秘密就是进行了量子态的传输。

这又是怎么一回事呢？

我们知道量子纠缠是两个相距甚远的粒子可以做出有关联性的动作，也被称为超距作用。除了纠缠之外，其实还有一个十分神秘的作用，那就是"复制"。对此，量子学家们曾经做过这样的实验：生成一对产生纠缠关系的光子，其中一个放在实验室里，另一个传送到144公里之外；然后再找来第三个光子，这个光子是科学家们想要进行瞬间移动的光子，让它和留在实验室中的光子进行相互作用。很快，远在144公里之外的光子的量子态，就变得和第三个光子一模一样。换句话说，它们之间进行了绝对完美的复制，就相当于第三个光子进行了瞬间移动。

虽然这个实验的真假存在着一些争议，不过已经有思想激进的科学家认定：人类也可以进行瞬间移动。比如，让人进入一个特殊的工作舱里，先接受粒子扫描，然后对另一处的工作舱传输这些扫描的信息，让工作舱中事先准备好的粒子变化成和此人相同的量子态，这样一来，人就等于被隔空传送过去了，而位于初始位置的那个人的量子态就要被摧毁——为了避免产生两个相同量子态的人。

借助实验和假想，我们可以大体推断出孙悟空十万八千里的秘密：孙悟空在启动筋斗云的瞬间，扫描了身上的粒子，然后借助波函数（其实就是筋斗云的波状态，而筋斗云就是波函数的粒子状态，所以是可见的云状物体）的覆盖范围和力量，将这些信息传递给目的地的粒子，粒子接收信息以后组成了新的量子态，也就是新的孙悟空，此时原来的孙悟空在他强大意识的作用下解体。于是在旁人看来，孙悟空完成了一次高速的飞行，其实只是量子态的传输、复制和毁灭的过程。

那么，想要完成这个瞬间移动的任务，孙悟空的大脑必须足够聪明，因为他需要准确地统计自己身上有多少粒子以及目的地是否有足够的粒子存在，如果不够就要偏向左或者右一点。这样看来，孙悟空的统计学是非常厉害的，毕竟人体也好，"猴体"也罢，身上的粒子种类和数量可不是那么容易计算清楚的，稍微出现一点差错，复制出的量子态可能就不是孙悟空了，而是者行孙或者行者孙之类的远房亲戚。因为它们的基因只是相似而不是相同，原来的孙悟空却会自我销毁，这就意味着孙悟空复制出一个"类孙悟空"，而他自己却自杀了。

虽然这是一个脑洞大开的玩笑，但想象力是推动科学发展的软实力，也是我们解读未知世界最具性价比的思维武器。也许在今天看来还有些幼稚，但是随着我们掌握的理论和实践知识越来越丰富，昨天的笑话完全有可能成为今天的理论和明天的实践成果，而这正是科学的魅力所在。

3.缩地法，用量子解释很简单

在中国古代的神话小说、神怪故事中，有一种技能非常独特，叫作缩地法。顾名思义，它是利用某种法术让土地面积缩小从而快速到达目的地的技能。晋代的葛洪在他撰写的《神仙传·壶公》中有明确的记载："费长房有神术，能缩地脉，千里存在，目前宛然，放之复舒如旧也。"另外，中国古代的奇书《六甲天书》甚至详细地介绍了施展"缩地法"的过程：施法者在两腿上各拴一个甲马，口中默念"一步百步，其地自缩。逢山山平，逢水水涸……"的缩地咒语，就能日行千里。

这么看来，缩地法和孙悟空的筋斗云有些相似，都是能够瞬间完成超远距离传送的技能。也正是因为太过离谱，很多人都会觉得这不过是一种神话想象，至少在经典物理学的范畴内，想要将三维空间中的两地距离"化远为近"，是违背基本的物理学常识的。但是，这种说法真的一点科学依据都没有，纯粹是胡编乱造的吗？

其实，"缩地法"很可能是利用了虫洞而产生的一种"魔法"。

我们在前面提到过虫洞，它指的是宇宙中可能存在的连接两个不同时空的狭窄隧道，能够大大地拉近原本距离很远的空间两点。

说起来，它和爱因斯坦还有一段小故事呢。

虫洞也叫时空洞，在1916年由奥地利物理学家路德维希·弗莱姆第一次提出，不过真正让这个名字广为人知还是在1930年，当时爱因斯坦和美籍以色列裔物理学家纳森·罗森在研究引力场方程时提出了有关"虫洞"的假设，他们认为通过虫洞能够做瞬时的空间转移或者时间旅行，所以虫洞还有个名字叫作"爱因斯坦—罗森桥"。

爱因斯坦曾经预言宇宙中存在着三种洞：能够"吞噬一切"的黑洞、可以散发能量的白洞、实现时空穿越的虫洞。虽然只是预言，但随着科技的进步，越来越多的学者相信虫洞的存在，他们也在不断提供理论支持。1963年，新西兰的学者罗伊·克尔提出有关虫洞的新理论支持：当一颗大质量的恒星在死亡或超新星爆炸附近保持一定的转速，就能获得强大的旋转力，当旋转力增大时，这个已经死亡变成了黑洞的恒星，就能把一个动态的黑洞拉过来，这个新来的黑洞会突破黑洞中心的引力场极限，进入所谓的"镜子宇宙"，从而完成一次时间旅行。虽然听起来有些深奥，不过我们只需要知道，虫洞的诞生基于黑洞和白洞，黑洞已经被证实存在，白洞虽然尚存争议，不过从逻辑上讲，白洞是黑洞的反演，未来被证实的可能性也很大，那么有关虫洞的假设也不会是无稽之谈了。

然而，虫洞的神秘不仅仅在于它本身，还在于它和量子纠缠的关系。

从表面上看，量子纠缠和虫洞似乎没有直接的物理联系，量子纠缠指的是粒子之间的特殊互动行为，而虫洞不过是连接宇宙的时空隧道。但是，如果我们仔细想想这两个概念就会发现，它们很可能是一个本质上"等价"的存在。

量子纠缠可以让相距遥远的两个粒子发生互动行为，如果从超光速的角度看简直没法解释。因为爱因斯坦认为超过光速时间可能会逆流，又如何让两个粒子发生联系呢？但是如果我们把虫洞看成是两个粒子之间的联系渠道，那就很容易解释它们的互动行为了：这一对粒子看似距离遥远，其实它们就近在咫尺，所以会在引力的作用下做出有关联性的运动。

传说中的缩地法，也不过是古人丰富想象的产物，没有谁会信以为真。不过，"缩地法"一定不能实现吗？未必。如果用量子力学的知识去模仿操作一下，或许能成真。想想看，缩地法不过是将三维空间中的两地距离化远为近，说白了就是找一条捷径，从而实现对距离的超级大跨越，而最容易实现它的就是虫洞。

在前面我们提到过虫洞，它是宇宙中可能存在的连接两个不同时空的狭窄隧道，相当于一条具有超级权限的"绿色通道"，想去哪儿都没有问题。当然，虫洞可不是那么听话的，我们需要借助量子纠缠去驱动它。这可不是信口开河，有两位物理学家通过建模发现，量子纠缠和虫洞从本质上看非常相似，因为它们都能在无视时间的前提下瞬间传输信息和物质，只不过虫洞是宏观尺度，量子纠缠是微观尺度。这还不算完，有科学家曾经建立一个三维的宇宙模型，然后将量子纠缠去掉，结果整个宇宙的时空都发生了错乱，就像是虫洞被开启了一样。

虽然只是一个建模实验，却给了我们重要的启发：我们可以把一对处于纠缠态的粒子消除掉纠缠效应，从而产生虫洞，等于在直线距离上找到了一个捷径，通过这个捷径我们就能化远为近，直达目的地，这就是现代科学演绎的缩地法。

　　当然，想要精确地完成这个过程，不仅需要合理地借助量子纠缠效应，还要准确标出哪条通道连接哪里。听起来是有点头大，不过宇宙的运行终究是有规律的，我们可以借助计算机发现这些规律，准确地标注出时空中的"路牌"和"门牌号"，这样我们的"量子缩地法"就能把人送到他们想要去的地方了。

　　虫洞和量子纠缠，其实它们共存的原因很简单。虫洞是一个可以被想象出具体形态的存在，而量子纠缠是一种只能依靠想象的存在，因此虫洞更容易被人们接受，正如时空隧道听起来更好理解一样，而相距遥远的粒子进行纠缠，就很难被多数人理解。或许正是这个原因，才让神话故事给了它们一个"缩地法"的称谓。

　　其实，一些物理学家把虫洞和量子纠缠联系在一起的理由是：只要存在纠缠，就应当存在某种几何联系。而被想象为管道的虫洞就是最好的解释，它可以被看成是一条引线，负责一个或者若干个粒子的纠缠，而无数个粒子纠缠时就会出现更大、更长的虫洞。虽然这些猜想目前还不能被证实，但我们已经隐约意识到：虫洞和量子纠缠，可能就是时空结构的本质。如果有一天我们对它有了新的认识，也就会改变我们对时空的理解。

4.千里传音：最早的量子通信

在刘慈欣的科幻小说《三体》中，介绍了一种瞬间传递信息的技术，它的原理就是量子纠缠。看了小说的不少读者都在幻想：如果能够跨越时间和空间的限制，和其他人建立一种奇妙的联系，那么人类社会的信息共享能力提高，直接带动的是整个文明的大踏步发展，那将是一种多么神奇的科技生活！

其实，不仅是科幻小说中有瞬间传递信息的技术，在我们中国古代的神话故事中也存在着一种神秘的技术——千里传音。这种古代社会的超远距离对话，当然和今天打电话、发短信相比，慢了不少也麻烦了不少，对于它蕴含的科技技术，单纯用经典物理学的观点看纯属无稽之谈，不过如果从量子理论的角度看，所谓的千里传音可能就是量子通信。

什么是量子通信？最早提出这个概念的是法国物理学家艾伦·爱斯派克特。量子通信的最初释义是指：通过量子纠缠效应建立"量子通道"进行信息传递的新的通信方式。量子通信主要包括量子密码通信、量子远程传态和量子密集编码等。

目前人类主要研究的量子通信是光量子通信，也是基于量子纠缠理论，依靠量子隐形传态（一种量子通道的传输方式）实现信息传递。光量子通信是如何操作的呢？

在正式传输信息之前，需要构建一对具有纠缠态的粒子，然后将两个粒子分别放在通信的双方那里，距离可以非常遥远，然后把具有未知量子态的粒子和发送方的粒子进行联合测量，这是一种操作方式，可以参考双缝干涉实验，也就是在粒子中间介入观察者，让波函数坍缩，这样粒子就不会处于不确定性当中了，否则你要说的话也许传给了一个完全不认识的人。那么，当发送方的粒子处于坍缩的状态时，接收方的粒子也一起处于坍缩状态，它们之间就形成了对称关系，这时再把联合测量的信息依靠经典信道传送给接收方，进行信息加工（因为是对称的所以是相反的，加工就是将粒子进行逆转变换，相当于翻译信息），这样就能让两个粒子处于完全相同的量子态。

由于量子通信采用的是"量子通道"，因此每一对处于纠缠状态的粒子都是独一无二的，无法在半路上进行拦截，也不会存在信息泄露的风险。

除了依靠光量子进行信息传输之外，还有一种通信方式叫作量子加密通信技术。这种技术其实只是利用了量子纠缠的某些原理，并不是真正意义上的量子通信，只是依靠这种技术让信息传递更加隐秘。它的基本原理就是，凭借量子的不可克隆的性质生成量子密码，采用0和1的二进制形式，这种可通信方式叫作"量子密钥分发"，意思是通信的双方可以在相距非常遥远的地方共享安全密钥，采用一次一密的方式沟通，是绝对安全的沟通方式。如果应用在商业、军事、外交等领域，那它可就太有用武之地了。

　　值得自豪的是，中国的量子通信研究目前走在了世界的前列，我们研发的世界第一颗量子通信实验卫星——"墨子号"已经实现了千公里级的星地双向量子纠缠分发，同时还完成了千公里级的星地高速量子密钥分发，还依靠卫星中转的方式达到了广域量子保密通信的目的。为此，美国科学促进会给"墨子号"量子卫星研发团队颁发了2018年年度的克利夫兰奖，以此赞扬中国"墨子号"量子卫星为全球尖端科技做出的巨大贡献。这是克利夫兰奖设立九十多年来，中国科学家在本土完成的科学研究成果首次获得这一荣誉！

　　因为量子自身不会被复制，所以它无法像我们使用的手机那样将通信信号放大，而且量子信号本身存在着衰减的特性，这些在客观上限制了量子通信的发展，而"墨子号"升空主要就是为了解决列举的这一类技术难题。

　　总的来说，量子通信和普通的通信手段相比，可以不依靠介质，也不需要消耗时间，其实就是省略了通信的过程，直接和对方沟通。

　　如果从量子通信的视角去分析"千里传音"，我们可以推测：并不是传出声音的那个人有什么高强的法术，而是传话者和接收者之间存在着量子纠缠的关系。不信的话，你去看看那些有关千里传音桥段的描写，绝大多数发生在认识的两个人之间，因为他们原本就存在着纠缠关系，只要找到开启"纠缠模式"的方法就能实现隔空喊话了。

　　量子通信目前尚处于初级研究阶段，想要真正投入到使用环节还需要一段时间的尝试和努力，一些所谓的量子通信卫星，更多的功能是验证量子纠缠是否真的存在。不过，人类开发的这些研究设备，能够为未来的量子通信打下良好的基础。我们也有理由相信，如果量子纠缠理论不存在严重的谬误，那么量子通信就有了可以实施的理论依据，那么人类未来的生活方式可能会发生翻天覆地的变化：当你想一个人的时候，无论他在宇宙的哪个角落，都能第一时间听到你的情话——这个场景不温馨吗？

第七章

盘点量子的经典实验

1. "薛定谔的猫": 敢虐猫，是因为有另一只猫

著名的"薛定谔的猫"，是有关量子叠加性和不可预测性的典型象征。虽然它只是一个纯粹停留在大脑中的思想实验，却像一把神奇的钥匙打开了量子世界的大门。与此同时，它还为经典物理学的理论根基画上了一个巨大的问号。

那么，这个听起来有些残酷的思想实验，是在什么背景下提出来的呢？

这不得不提到一个名词——哥本哈根学派。

1927年，量子力学的先驱玻尔、海森堡在哥本哈根合作研究时，两个人三观相近，合作融洽，所以一同提出了"哥本哈根诠释"。它延伸了由德国数学家、物理学家马克斯·玻恩提出的波函数的概率表述，后来就演变为我们熟悉的不确定性原理。这个诠释主要是对一些有关量子力学的复杂问题进行解释，比如著名的波粒二象性等。也正是因为有了比较标准的诠释，所以量子理论中的概率特性就不再是一种天马行空的猜想，而是作为科学性的定律而存在。这样一来，量子物理学家在面对外人的质疑时底气就更足了：我们不光有了理论，还有了可重复的定律！自然，信奉这种诠释的学者就陆续

成为哥本哈根学派的一员。

哥本哈根学派对量子力学的创立和发展做出了重要贡献，也被认为是最正统的方法论。特别是在哥本哈根理论物理研究所建立了量子理论研究中心之后，这个学派一跃成为当时世界上实力最雄厚的物理学派，要装备有装备，要大咖有大咖，要粉丝有粉丝。根据当时的调查，超过一半的物理学家都认同哥本哈根诠释。

有认同哥本哈根诠释的，也就有反对的，所以不同学派之间的争论在所难免。当时，另一位大咖薛定谔创建了波动方程，严谨地解释了微观的粒子系统，相当于量子力学中的"三大定律"。在薛定谔看来，波函数是空间分布的函数，微观粒子如同波一样，能够在空间中按照波函数的规律进行排列。但是，哥本哈根学派的代表人玻恩却持反对意见，他认为波函数是一种纯粹的随机概率，其代表的并不是微观粒子的具体位置，而是在某个位置出现的概率。于是问题来了：物理学存在的最大价值，不就是找出世界运行的规律吗？如果一切都无法预测的话，那么研究出的这些成果如何应用于现实呢？

因为薛定谔对哥本哈根诠释并不满意，因此就提出了"薛定谔的猫"，目的是证明这种诠释的荒谬性：既然你们学派认为原子的衰变是随机的，那么原子是否可以处在一个既衰变又不衰变的状态呢？如果你们的答案是肯定的，那么这个世界上也就会有一只既活又死的猫。

面对薛定谔的质疑，哥本哈根学派是这样回复的："在被观测之前，量子的属性处于不确定状态，即所有属性的可能性的叠加态；而在对量子进行观测的瞬间，量子的叠加态坍缩为一种结果，即变为固定态。"

看到这里大家都明白了，其实"薛定谔的猫"的本意是为了抨击所谓的量子的不确定性，而哥本哈根的解释给出了一个"叠加态的猫"的答案。我们有理由相信，薛定谔自己也不会承认存在着一只既死又活的猫，但是这个思想实验之所以轰动世界，是因为它反映了经典物理学和量子力学的冲突点，也就是微观粒子表现出的某种特性在进入到宏观世界则完全不成立。这就会让人们深思：难道宏观世界和微观世界真的存在一道相互隔绝的屏障吗？

说来也挺有意思，在哥本哈根学派一统量子天下的时候，又诞生了一个新的学派，只是这个学派无论是从影响力还是从理论根据上都不及前者，它就是"多世界诠释"，也就是我们熟悉的"平行宇宙"。

这个诠释是在1957年由量子理论物理学家休·埃弗雷特提出的。针对"薛定谔的猫"，埃弗雷特提出了不同于其他派别的解释：那只既活又死的猫，其实是两只猫，它们都是真实存在的，只是位于不同的世界里，所以争论的关键点不在于盒子里的毒药是否被释放出来，而是在于它处于既衰变又不衰变的状态中……这话到底是什么意思呢？在埃弗雷特看来，当我们打开盒子的时候，整个世界就分裂成两个不同的版本。它们唯一的区别就在于一个版本的毒药被放出来，猫死了；而另一个版本的毒药没有被释放，猫还活着。

简而言之，盒子里有两只猫，你怎么虐待它都无所谓，因为总会有另外一只猫还活着。

"多世界诠释"的诞生，似乎给了"既死又活"的猫一个最完美的解释。不过细细琢磨之下，它还是过于离奇了，而且也没有充足的理论根据，所以被人们评价为"最大胆、最野心勃勃的理论"。

从"薛定谔的猫"诞生那一天开始，很多科学家都在思考着如何破解这个宇宙级的难题。我们也在前面多次提到了：不管把什么东西和猫关在一起，只要存在着观测，那就已经打破了叠加态，这个实验的规则就被打破了。

2019年，美国耶鲁大学的研究人员宣布，他们找到了一种可以捕获和拯救"薛定谔的猫"的办法，原理是通过预测其跳跃动作采取实时行动。研究人员认为，他们已经在客观上推翻了量子物理学界多年来的基础性教条。

这个实验是在耶鲁大学米歇尔教授的实验室里进行的，是第一次对量子跃迁的真正运作机制进行考察，然而实验结果似乎证明和玻尔的理论背道而驰，也就是量子跃迁的发生并非是随机和突然的。

我们说过，量子跃迁是指从一个能态忽然转移到另一个能态的运动现象。在耶鲁大学的实验中，人们发现量子的跃迁从长期来看的确无法预测，所以他们进行了实验，看看是否可以在量子跃迁之前进行某种预警。为此，耶鲁团队使用了一个特殊的方法，他们对一个带有超导属性的人造原子进行间接的检测，并利用三台微波发射器，对密封在一个铝制的3D空腔中的原子进行辐射，这样的仪器设施可以让研究人员清楚地观测原子的一举一动。

由于微波辐射可以在人们观察人造原子的时候让它被激发，从而形成量子跃迁，只要跃迁发生就会有信号传输出来。通过实验，研究人员能够及时发现检测光子（由受微波激发的原子的振荡态释放出的光子）的瞬间消失，而这种消失的动作就是量子跃迁的预警信号。结果发现，虽然介入了观察者，然而量子跃迁的一致性仍然有所增加而并非发生了坍缩，而且研究人员越来越相信，他们不仅有能力捕捉到量子跃迁的动作，还可以对它进行逆转。

耶鲁大学的实验似乎可以证明，量子跃迁的发生虽然带有很大的随机性，但人们仍然有能力去控制它，这就代表着它不是绝对的不确定性，只是我们尚未掌握让它确定下来的方法。这就好像一个叛逆的少女，家长宠溺她，她会越来越乖戾，家长冷待她，她会更加叛逆，让你根本不知道怎么管教她才好。直到有一天，一个懂得少女心思的老师出现，对她进行了正确的引导，她的思想和行为忽然被规范了，从过去的反复无常变得异常稳定，而量子的随机性也是如此。

那么，这项研究对量子力学意味着什么呢？如果人类有能力对量子进行监控，那么灾难发生之前，活跃的量子发出的动作就会被我们捕捉到，我们就可以对地震、火山、海啸甚至桥梁坍塌等灾难进行预警。不夸张地说，我们对整个世界的变化会了如指掌，即便不能完全改造它，也能第一时间揣摩到它的情绪变化。

有了这项科研成果，"薛定谔的猫"看起来也不再是一个难题。因为我们可以通过放在盒子外面的检测设备，隔空观察里面的量子的运动情况，也就是当原子衰变发射出阿尔法粒子之后，盒子里的量子会立即产生跃迁行为。这时我们可以得到预警，就可以在毒药扩散之前将猫咪拯救出来，让它彻底摆脱"既死又活"的状态。

一个原本是用于"骂战"的思想实验，却成为困扰全人类的难题，不过这个谜题越难解读，就越能说明我们对量子力学的研究还不够深入和透彻。如果有一天我们解决了这个难题，或许就意味着经典物理学和量子力学握手言和了。

2.隧道效应：泰坦尼克号的船长不死之谜

如今在互联网上，总有一些人大言不惭地发表某种"高见"，以证明自己的睿智和远见。可没过多久这些"高见"就被无情地打脸，不仅侮辱了别人的智商，也让自己颜面尽失。在相对严谨的科学圈子里，这种事同样屡见不鲜。

我们在前面提到过的摩尔定律就是一个被打脸的案例。

摩尔定律是指集成电路上的晶体管的集成度平均18～24个月会翻倍，致使计算机的性能提升一倍。然而，这个曾经被奉为铁律的预言，现在被证明将在10年内走向终结。有意思的是，终结这句话的不是IT科技圈子的某位大咖，而是来自圈外的量子。

原来，不少量子物理学家认为，当集成电路的精细程度达到原子级别的时候，尤其是电路的尺寸接近电子波长的时候，电子就能够依靠"隧道效应"穿过绝缘层，这样就会导致漏电，机器就报废了，还谈什么性能？

先来画个重点——"隧道效应"。它又被叫作势垒贯穿，是由微观粒子波动性所确定的量子效应，是由物理学家伽莫夫发现的。

伽莫夫是美籍俄裔核物理学家和宇宙学家，他对英国实验物理

学家卢瑟福有关 α 粒子（一种放射性物质）的研究非常感兴趣。他得知卢瑟福在分析 α 粒子衰变时遇到了一个奇怪的问题：α 粒子是带两个正电荷的粒子，所在的活动位置距离原子核中心的10^{-12}厘米时，在库仑力（静止带电体之间的相互作用力）的作用下会形成一种势垒（简单说就是一种阻挡层），阻止原子核内的任何 α 粒子向外射出。这就好像一位强势的家长不让自己的孩子出去玩一样，而 α 粒子的能量远远不及这种作用力，也就是孩子根本惹不起自己的家长，但 α 粒子却能源源不断地从原子核中发射出来，好比这个孩子能冲破家长阻拦，大摇大摆地走出家门一样。

经过研究，伽莫夫破解了这道难题，他认为这种现象已经不能用牛顿的经典物理学去解释了，而是可以用量子科学的波动力学来解释。因为在波动力学理论中，世界上就不存在着无法被穿透的势垒，而这就是微观世界的基本特征，被称为量子隧道效应。

回到之前的那个比喻上，我们可以这么说：孩子虽然身材力量远远小于家长，但是他具有穿透能力，可以越过家长的肉身走出去。

如果这么解释你还是不懂的话，那么我们换一个中国人都听过的名词——穿墙术。没错，就是《封神演义》和茅山道士都提到过的一种穿墙的技术。显然，经典物理学是无法解释也根本不会承认有穿墙术这种怪事存在的，然而它在微观的量子世界里真实地发生了。为此，一位英国物理学家在伦敦皇家学会演讲的时候曾经说："这间房间的任何人都有一定的机会不用开门便离开房间啊！"

为什么会出现隧道效应呢？我们在前面讲过，根据波动理论，整个宇宙到处都充满着波函数，粒子在不确定性的影响下，能够以一定的概率出现在空间中的某个点，而它们是不需要考虑是否存在壁垒的。因为只要有波函数存在，就等于随时随地可以获得能量，想在哪里打开一扇门就能轻而易举地走出去。当然，这并不是说所有粒子在穿越壁垒的时候都能"逃票"，有的会被抓住，有的则能成功。

那么，隧道效应对人类来说，是一件好事还是一件坏事呢？我们先来看一个曾经轰动一时的传闻。

1991年8月9日，欧洲一艘科学海洋考察船在行驶到冰岛西南387公里处时，在一座冰山上发现一位六十多岁的男子，身穿20世纪初的船长制服，叼着烟斗眺望着大海。经过询问得知，这个老者不是普通人，而是80年前沉没在大西洋中的泰坦尼克号船长史密斯。很快，史密斯船长被送到奥斯陆，当时著名的精神病心理学家喻兰特博士对他进行了认真的检查，认为他无论是心理还是生理都非常正常。为了确认史密斯的真实身份，人们联系了英国海事机构，要来了史密斯之前留下的指纹、照片以及相关的航海记录，最后证实这位老者的确是史密斯船长，年龄已经超过140岁。然而对史密斯来说，泰坦尼克号沉没就像是发生在昨天一样，而不是80年前。

显然，史密斯船长是经历了"穿越时光再现"的失踪人，而他的失踪，很可能和隧道效应有关。

我们知道，在隧道效应的作用下，粒子能够通过正常情况下原本可以阻挡它们的任何障碍，因此有人大胆地推测，粒子的穿墙行为不仅涉及空间，也涉及时间。1955年，国外一个研究团队做了这样一个实验：利用短脉冲激光轰击了一种氪原子和氩原子的气体混合物，让电子遭到暂时的削弱而被锁定在电场当中，在激光的引导下，电子所发出的穿墙轨迹只用了80阿托秒（10^{-18}秒）到180阿托秒就完成了一次长途旅行，而如此短暂的时间是完全可以忽略不计的。

这样看来，隧道效应扭曲的不仅是空间还有时间。

借用隧道效应得出的结论，史密斯船长很有可能在泰坦尼克号沉没之时，在某种海洋力量和沉船引发的各种物理学现象（比如漏电、爆炸等）的共同作用下，进入到一个临时开启的量子隧道中。这个隧道的时间计算和宏观世界完全不同，它同时扭曲了时空，致使史密斯船长直接穿越到了80年以后，那么在外人眼中他是失踪了甚至是死亡了，但是对他来说，仅仅过了不到一天的时间而已。

关于史密斯船长穿越的新闻，也有人认为其真实性存疑。但是诸如此类的时空穿越事件却不止一例，所以我们并不能绝对否定这种现象的存在。

当然，有关量子隧道效应的争议还是存在的，而争论的焦点也集中在穿墙到底会消耗多少时间。不过有一点似乎可以确定，那就是人体自身组成的粒子远比实验中的粒子要多得多，而让每个粒子都能完成穿墙术是非常困难的，如果有一个粒子被拦截下来，穿越过的那个人就不是"原装"的了。或许只有借助某种我们还不了解的、更强大的力量才能完成这个复杂的工作，而如果某一天人类具备了这种能力，那么量子隧道效应的真相也就被揭开了。

3.贝尔不等式：超人的存在合情合理

看过有关超人的影视作品或者漫画的人都知道，超人拥有强大的超级听力，可以在很远的距离内听到某个人的呼喊，然后以光一般的速度赶过去营救。不少人为此羡慕嫉妒恨：我要是有这种听力至少可以当一个高级情报专家了！也有的人没那么大的野心，只是觉得如果能够在第一时间内得知自己在乎的人的境况，也是一种实用技能了。

其实，在量子的世界里，这种超级听力并非漫画家的空想，它存在着可能实现的物理学基础，这和贝尔不等式有着密切的联系。

贝尔不等式是1964年物理学家约翰·贝尔提出的，对EPR悖论的研究做出了重要贡献。

EPR悖论包含着三个著名的科学家，E代表爱因斯坦（Einstein），P代表着波多尔斯基（Pldolsky），R代表着罗森（Rosen），是他们在1935年为了证明量子力学的不完备性而提出的佯谬式悖论。这个悖论主要探讨如何理解微观物理实在的问题。爱因斯坦等人认为，假设一个物理理论对物理实在的描述是完整无缺的，那么就应当在物理实在的每个要素中都有对应的量，而目前量子力学尚且不能对其作出判断，因此是不完备的。

这里有一个很奇怪的名词——物理实在，它是什么意思呢？它是标志物理客体的概念，比如我们熟悉的空间、时间、质点、力这些名词，都是对一个物体的客观物理属性的描述。

EPR 对于物理实在的判断存在着一个"定域性假设"，意思是假设测量时两个体系不再相互作用，那么对第一个体系所能做的任何事情都不会使第二个体系发生任何实质性的改变，因此人们将这种定域要求相联系的物理实在观叫作定域实在论。如果你没有看懂，我们换个说法，把一个烧热的炉子和一个汤锅放在一起，炉火会对汤锅进行加热。同样，汤锅也会消耗炉火产生的能量，这时炉火和汤锅是两个相互作用的不同体系。但是在炉火燃烧殆尽之后，汤锅最终冷却下来，此时这两个体系不再发生作用。这时候进行测量的话，任凭你怎样去敲打炉子或者汤锅，都不会产生实质性的作用，这就是定域实在论。

那么 EPR 悖论又是什么呢？是 EPR 论文的作者提出定域实在论和量子力学存在着矛盾。

定域实在论其实通俗地理解就是，不允许存在鬼魅般的超距作用。比如你把汤锅端走之后，它依然在被加热，而炉子燃烧产生的热量也莫名其妙地传递给了汤锅，这就是非定域性的表现。爱因斯坦等人认为，量子理论应该被规划在定域实在论的范围内，因为这是人类能够理解也能进行实测的，而鬼魅般的行为似乎只能用"魔法"来解释。

由于爱因斯坦等人提出了质疑，认为量子的不确定性缺乏根据：一个人怎么可能在你没有观测到的时候既在客厅又在卧室呢？所以

EPR 悖论的提出目的，就是为了让量子理论变得更加完备和严谨。为此，玻尔认为，任何测量不可能不对目标产生干扰，它们本身就存在着一种特殊的联系，也就是说爱因斯坦的"定域实在论"的前提就是不成立的，而贝尔不等式也是在佐证玻尔的观点。

再回到汤锅和炉子的关系上，借用玻尔的观点就是：即使炉子和汤锅都冷却了，但是因为它们接触过，汤锅底部必然会留下火烧的痕迹，而炉子上也会残留汤锅底部的金属元素，甚至在煲汤的过程中，汤锅中的汤水洒到了炉子上，所以它们之间一旦接触就不可能当作从未见过面一样。

这段描述听起来是否有点耳熟呢？就像一对曾经深爱过的恋人，如果他们分手了，彼此不再联系了，那就意味着他们的互相作用停止了吗？显然不会，其中一个可能偶尔会想起对方，下意识地把对方当成择偶的目标或者是反面典型，而另一个在和对方恋爱时学会了做饭、穿衣和人际交往，所以他们是不可能处于两个互不干涉的定域之中的。

超距作用最神奇的地方在于，可以在跨越时间和空间的前提下，让两个粒子产生同步现象。我们不妨想一下：那对分手的恋人，可能都记住了分手那天外面下着瓢泼大雨，他们或者说着伤害对方的话或者深情无奈地告白，那么当下一年这个日子来临时，他们很可能不约而同地想起这段往事，这就是发生了同步。

好的，再让我们聚焦到超人的超级听力这项技能上。不知道大家有没有想过一个问题：声音是需要介质来传播的，也就是说它是有速度的，空气中的音速在 1 个标准大气压和 15℃ 的条件下约为 340m/s。那么问题来了，很多时候超人听到某个人的呼喊是在同时，而事实上他们之间的距离非常遥远，声音传过来是需要时间的，这种超级听力已经违背了基本的声音传递法则，所以我们只能从另一个角度去理解：超级听力其实是超级感应能力。

根据影视作品中的展示，通常超人能够感应到的呼喊声，大多数是他认识的人，如果不认识的人往往是在近距离范围内。从这个角度我们可以得出结论：这种感应能力其实是此前超人和对方接触时发生了量子纠缠，所以当对方呼救时，超人就能打破时空的障碍瞬间感应到，在外人看来这是"顺风耳"，其实这正是对贝尔不等式的完美验证。

那么，为何人们认为贝尔不等式具有重要的时代意义呢？因为这个不等式的提出，让人们关注到了量子理论中"不完备"的部分。人们逐渐意识到，所谓的不完备并不一定是错的，而是其中有些规律和现象并没有被我们真正了解。而且通过和爱因斯坦等人的争论，让更多的人关注量子学的发展，不少人也开始倾向认为这个不等式是成立的并为之进行实践。

回顾人类的科学发展史，很多物理学原理开始都会被认为是偶然性的，甚至是盲目的和反科学的。正是因为有了这种佯谬思维的存在，我们才会不断地去证明它的真伪。在这个追求的过程中，我们掌握了更丰富的知识，也会带动认知水平的提升。

4.芝诺效应：偷窥美女会让美女更美丽

有一句老话叫作"心急水不开"，意思是你正口渴的时候，烧了一壶水准备沏茶，因为渴得厉害你就一直坐在炉子旁边盯着那壶水，结果发现烧水的时间比不看它时要更慢。当然，有的人认为这不就是爱因斯坦的"美女与火炉"的翻版吗？不过是一种越着急耐性就越差的心理现象，因为"水烧开"是一种客观的物理现象，才不会因为你在旁边看着就变慢了！

如果你也是这样想的，那么恭喜你，你是一个熟读了经典物理学著作的学霸，你对宏观世界的物理现象有着坚定不移的信念……可如果让你换位思考一下呢？当你在吃饭的时候，有人看着你和没人看着你，你的感觉是一样的吗？你肯定会说不一样，而且你也会解释：因为我是一个有生命有尊严的人，对于别人是否关注我自然会有反应，而一壶开水是没有生命的！

很遗憾地告诉你，开水虽然没有生命，但它未必不知道你在观察着它。如果你觉得这是一句疯话，那就先让我们来了解一个著名的"芝诺悖论"。

芝诺是古希腊的一位哲学家，曾经提出过一个振聋发聩的观点：

一支在空中高速飞行的箭，其实是静止不动的。估计听到这里你可能要笑疯了：箭如果不动怎么会高速飞行呢？别急，芝诺是这样解释的：因为在每个时刻，这支飞行的箭都有一个固定的位置，所以这个距离这个时间内它的确是静止不动的。而一支飞行的箭，其实可以被看成是千千万万的不动的箭的组合，因为它们都拥有一个确定的位置。

也许有人会把芝诺看成是一个思考得走火入魔的疯子，然而很多物理学家却不这么认为。20世纪70年代，一些理论物理学家将芝诺悖论引入到了量子领域，提出了量子芝诺效应：当人们在对一个不稳定的量子系统频繁测量的时候，能够冻结该系统的初始状态或者阻止系统的演化；假设这个测量的时间间隔非常短暂，那么可以将测量看作是连续的测量，而这些测量就能造成波函数的坍缩，阻止量子态之间的跃迁。

这个定义听起来有些生涩，所以我们还用芝诺悖论去解释：当人们对一支飞行的箭进行测量的时候，这支箭会因为不断有人给它拍照、录影、测距而变得愤怒或者害羞，最后索性不飞了。

听起来是不是很像网络流传的搞笑段子呢？事实上，已经有物理学家通过亚原子系统的自旋证明了芝诺效应的存在。

美国康奈尔大学在真空室里冷却了10亿个铷原子，然后利用激光束将这些原子暂停下来。此时铷原子如同在晶体物质中井然有序地排列，然而即便是如此低温，它们也还是能够进行缓慢的运动。当研究人员通过激光成像去观察铷原子的时候，原子依然发出荧光并继续做着运动，但是当激光束被逐步调亮、测量越来越频繁的时候，铷原子的运动量越来越小，呈现出明显的下降趋势，似乎对有人观察它们非常不满意。最后，实验证明了观察铷原子在低温下的运动能够影响到它们。

当物质被观察的时候，它会感觉到，还会产生一些违背固有属性、运动规律的行为，这听起来很像是科学童话，让很多人都无法相信。

其实，我们可以用宏观世界的现象去做解释。当你在图书馆看书的时候，对面坐着一位身材高挑、面容姣好的女同学，你忍不住偷看了她一眼。她或许发现了或许没有发现，可如果你不断地偷窥她，她迟早会有所察觉，而她也明白你为什么要偷窥她。这时她很可能会产生一系列动作：撩一撩头发，对着镜子补补妆或者换了一个更挺拔的身姿。总之，你的偷窥行为会让美女更注意自己的外在形象，在你眼中会变得更美。

在这里，偷窥就是测量，而美女就是铷原子。

不要小看芝诺效应，它不仅可以让你在偷窥美女的时候让对方更美丽，还能救活"薛定谔的猫"！

我们知道"薛定谔的猫"证明了一个"幽灵"的存在——叠加态。相信不少爱猫人士在知道这个实验之后都会忍不住抱怨：一只猫做错了什么？凭什么要这样折磨它！也许还会有人想打开盒子把可怜的猫咪救出来。

如果告诉你，我们有办法救活这只猫咪，你想知道怎么做吗？

我们可以利用芝诺效应，不断地观察那个也许衰变也许不衰变的阿尔法粒子，让它冻结在它最初的状态。这样它就会因为静止而一动不动，那么盒子里布设的机关就彻底失效了。这个干扰的过程很像是一台装满了病毒的计算机，每次刚一开机正准备向互联网传送病毒的时候又自动重启了……反反复复，它的波函数就不会坍缩，就会长期处在"既要衰变又不会衰变"的状态中。

说到这里你可能会觉得猫咪得救了，不过不要高兴得太早，因为有科学家经过研究又发现了"反芝诺效应"——如果频繁地观测原子也可能导致衰变加速，让猫咪更快地死亡！

听到这里估计有人彻底凌乱了：芝诺效应怎么还能反过来呢？这又是怎么回事？

其实，原子衰变的速度，取决于给定能量下可能的能量状态或者电磁模式的密度，这些都是外在条件，当你想让原子衰变时就必须将光子发射到这些模式当中，模式越多，就越意味着衰变的方式越是丰富多样，衰变的速度也就更快了。

同样，当我们观测原子的时候，客观上也会干扰它的能量水平，导致电磁模式减少，衰变减慢，这时候的确会减慢其衰变速度。但是，这种干扰也可能造成电磁模式增加，形成反芝诺效应。

相信你听了之后还是有些摸不着头脑，那我们就回到之前的那个比喻上：图书馆里，当你在偷窥对面坐着的一位美女时，美女在发现后会更注意自己的形象，会变得更美……可是，这真的是唯一的结果吗？

想想看，如果你偷窥的眼神很猥琐，如果你的形象不讨喜，如果你偷窥人家的位置涉及隐私，那么美女不仅不会变得更美，反而会对着你高声怒吼："臭流氓！"说不定你还会被一本几斤重的成语词典砸得满头是包，再不济美女也会拂袖而去……发生这类情况一点都不意外，因为这取决于你的个人形象、美女的心情以及种种其他因素，而这就是反芝诺效应。

美国的圣路易斯华盛顿大学曾经对芝诺效应和反芝诺效应进行了测试，他们以特定能量为中心的光子热浴来降低或者增加人造原子可用电磁状态的密度，再去测量原子在每一微秒的状态。结果显示：当光子热浴以和原子跃迁能量相同的能量为中心时，观测行为减少了平均电磁模式的数量，从而导致原子衰减减缓；当光子热浴以和原子跃迁能量不同的能量为中心时，观测行为则增加了电磁模式数量，导致了原子衰减的加速。

总之，芝诺效应和反芝诺效应都是客观存在的，而且并不是完全随机的。只要掌握了正确的方法，我们就可以控制特定的量子系统。这和我们在街上搭讪美女也是一个道理，如果你衣着整洁、举止得体、用词文明，那就是搭讪；如果你衣着邋遢、行为不检、说话粗鲁，那就是骚扰。芝诺效应的正和反，其实只有一线之隔，然而它们在被影响之后产生的结果，却又相差千里。

这大概就是量子不确定性的另一种诠释吧。

5. 延迟实验：如果你的孩子能让你消失

在郭德纲和于谦的相声段子里有过这样一个笑点：两个人比岁数大小，明明是于谦岁数更大，然而郭德纲却说自己最大，然后他给于谦拿出证据：数数的话，肯定是从1、2、3开始，大的数字次序排在后面，所以谁的岁数越小谁反而是老大。结果于谦马上来了一句反杀："按您这么说，先有的您，后有的您爸爸？"

显然，大家都知道绝不可能存在"先有儿子后有父亲"这种事。可随着科技的发展和人类认识的提高，这种事还说不定真能发生！如果你不信，那就请了解一个著名的实验。

我们都知道双缝干涉实验"惊艳"了全世界，殊不知，这个著名的实验之后，还有一个2.0版本——延迟实验。

这个实验构想最早是由美国物理学家惠勒提出来的。他是爱因斯坦的同事，也是世界出名的物理学思想家之一。大家熟知的"黑洞"就是他最早提出并使用的。1979年，惠勒在普林斯顿纪念爱因斯坦100周年诞辰的专题讨论会上，正式提出了延迟实验的构想。

实验的思路是：用涂着半镀银的反射镜代替双缝，那么根据推测，一个光子有可能一半通过反射镜，而另一半则被反射，这是符合量子不确定性原则的，即理论上各有50%的概率。为了突出这种概率，反射镜要和光子的入射途径设定为45°角，这样一来，光子既有可能直飞过去也可能被反射成90°角。在设置完这面镜子之后，还要设置另一面全反射镜让两条道路交汇在一起，这样在观察光子飞行的方向时就能得知它们到底是从哪条路径飞来的。

以上就是延迟实验的基本思路，然而惠勒并没有就此满足，他又提出了一个新的设想：如果在终点前再插入一块呈45°角的半镀银反射镜，就相当于对单一光子进行了观察。那按照双缝干涉实验的发现，单一光子的路径就会变成一条，如果不放这面反射镜，那就等于撤销了对单一光子的观察，那么单一光子必然是处于叠加状态，会随机选择两条路径并在终点汇合。

听到这里，你可能觉得这个实验也没有什么嘛，无非是用不同的方式验证了光子可以和自己进行干涉，还能知道人们在偷窥它嘛！

事实并非这么简单。

你有没有意识到一个问题？当设置在终点的用来观察的半镀银反射镜摆好之后，观察到的只能是单一光子在通过第一面半镀银反射镜后的运动过程。也就是说，这时候单一光子已经做出了自己的选择并进行了真实的运动，但它们并不知道前面到底有没有放置镜子盯着自己，那会是怎样的结局呢？实验结果清晰地证明：放置镜子观察和不放置镜子观察是完全不同的，它能决定单一光子在发现这面反射镜之前的动作。再把这段话减缩一下就是："未来可以决定过去！"

双缝干涉实验和延迟实验，最大的区别就在于"什么时候观察"。双缝干涉实验是提前架设好了观察设备，也就是说一群光子在准备出发之前看到了狡猾的人类布置好了录像设备，所以它们就会改变之前的运动轨迹。延迟实验完全不同，光子先是选择了路径然后才能发现前方是否有用来观察的镜子，按理说这时候选择已经结束，光子根本来不及作出任何变化，但是光子依然作出了改变，这比双缝干涉实验更让人"细思恐极"。

有人听到这里可能会叫起来："等等，你不是说这是一个实验思路吗？那就是没有真的做出来，你凭什么如此肯定呢？"别急，其实在惠勒提出这个构想的五年以后，美国马里兰大学就真的做了一次延迟实验，证明惠勒是正确的。另外，德国慕尼黑大学还把这个实验玩得更大了，他们利用意大利航天局的马泰拉激光测距天文台的装置，分割了一束激光脉冲，让光子要么以最短的路径要么以最绕远的路径前进，相当于一个太空版本的延迟实验，结果再一次证实：我们事后的观察行为会决定光子之前的运动。

20世纪70年代末期，有科学家通过光学望远镜发现了一对类星体：它们的亮度接近，被认为是一对"秀恩爱"的类星体，可后来却发现它们其实是一个类星体由于引力透镜原理（引力场源对位于其后的天体发出的电磁辐射所产生的汇聚或多重成像效应，类似凸透镜的汇聚效应）所产生的两个像，而这个双像很像是延迟实验的天然光源。随后，科学家把望远镜分别对准两个类星体的像，依靠光导纤维进行调整，再将光子引入到实验装置中，这样就完成了一次星际级别的延迟实验。

那么，这个实验的结果是什么呢？说出来可能要吓你一跳：科学家是否插入第二块用来观察的半镀银镜，将决定上亿光年前就已经发出的光的路径！这可远比用几个小光子做实验更让人震撼！于是有人认为，经典物理学世界的定域性被彻底推翻了。

什么是定域性理论？简单说，就是一个特定物体只能被它周围的力量所影响，而不会被遥远的力量所控制。打个比方，你在街上散步，你身边的人撞了你一下或者踩了你一脚，可能会让你摔倒，但是10米以外的一个人在不和你发生联系（比如朝你开枪、扔东西、喊话等）的情况下，是不可能让你摔倒的。但是在量子的世界里，这个人如果拿着一台摄像机对着你拍摄，就可能改变你的不确定性，让你身上的波函数坍缩，在"不摔倒"和"摔倒"之间选择"摔倒"，这就是违反了定域性的原则。

不要小看这个定域性，它可是经典物理学的支点，甚至可以看成是很多物理学家的信仰基石！如今这个信仰都被颠覆了，很多人都面临着痛苦的选择：到底是接受新的观点还是坚持信念呢？现实的情况是，不少人选择了沉默，因为他们对两个结果都无法接受，他们心中默默闪过一句话：难道月亮只有我在回头看它的时候才存在吗？

在传统的理论大厦倾倒之际，新的假说开始出现，一些近乎玩笑的理论横空出世。其中最为狂热的一个流派是：宇宙是由一个有意识的观测者制造出来的。因为根据我们目前的推测，虽然宇宙演化了几百亿年的时间，但是它自身并没有什么特定的规律，长期处于一种不确定的混沌状态中，就好像一锅放在炉子上的牛肉汤。有人过来加佐料它的味道就变了，有人过来把火变小它就煮不熟了，有人过来用大勺搅动它就产生了旋涡……这锅牛肉汤到底会变成什么，完全取决于"那个人"来不来以及来了之后干什么。

说到这里，不由得想起尼采的那句话："当你凝望着深渊的时候，深渊也在凝望着你。"试想一下，当我们在观察着宇宙的时候，宇宙背后的那个观测者是不是也在偷窥着我们呢？而且我们的这种观测行为，本身也会影响到宇宙的发展和变化。因此，有科学家提出了一个全新的概念——参与性宇宙，意思是宇宙中每个有意识的个体都起到了某种推动作用，你是不是觉得很激动呢？

如此说来，你、我、他以及宇宙中的每一个生命体，在意识的作用下共同选择了这个宇宙。因为这个宇宙在之前创造了我们，就像是你的孩子选择了你，是因为你生下了他。

请慢慢揣摩这句话吧。

6.量子自杀实验："复活甲"让你随便用！

永生，这是很多人梦寐以求的目标，一代帝王秦始皇渴望长生不老统治千秋万代，普通人又何尝不希望多活几年看看世界美丽的风景呢？可以肯定地说，几乎每个人都不会嫌弃自己的生命太长，可如果有人告诉你，其实我们就是永生的，你会不会有点小激动呢？

这个"人类永生"的结论源于一个著名的思想实验——量子自杀实验。

量子自杀实验是20世纪80年代由两位物理学家汉斯·莫拉维克和布鲁诺·马查尔分别提出的。听起来名字有些恐怖和诡异，其实它是从我们熟悉的"薛定谔的猫"这个实验演变而来的。

我们知道，在"薛定谔的猫"中，那只可怜的猫咪处于一种"既死又活"的叠加状态，而量子自杀实验就是将猫咪替换成人类，当外人进入这个密闭的空间以前，谁也无法判断他是死是活，那么按照薛定谔的解释就是，这个人处于"既死又活"的叠加状态。但是我们也知道，这和经典物理学相互违背，也很难被正常的逻辑思维所接受，于是有物理学家又换了一种解释，提出了"平行宇

宙"的观点：这个自杀者之所以存在"既死又活"的状态，是因为
这个实验必定会产生一个死人或者活人，只是他们处于平行宇宙当
中——原子没有衰变就进入了"他活着"的平行宇宙，原子衰变就
进入了"他死了"的平行宇宙。

这个实验没有到此结束，科学家们又进行了修改：不要什么密
闭的空间了，也不要什么原子，只有一个人和一把手枪，这个人想
要开枪什么时候都可以，但问题在于，他发射出的子弹一定会打死
他吗？根据以往的案例来看完全有头部中枪不死的可能，只是概率
低了一些，但只要存在这种可能，就可以证明存在着一个"自杀者
没有被子弹打死"的平行宇宙。

那么，如果这个人很不幸地被子弹打死了，他会去哪里呢？
当然是一个不存在他的平行世界，也就是为他举办葬礼、亲朋好友
们放声哭泣的世界，那么问题来了：这个世界里已经没有了他，对
他还有什么意义呢？换句话说，这个自杀者已经退出了这个世界的
"群聊"，在我们看来他是消失了，可人家也许进入了别的群啊！

可这个"群"又在哪儿呢？其实，它就在子弹没有打死他而产
生的那个平行世界，这是他举枪射击的一瞬间就分裂出来的，不会
因为子弹真的打死他就被抹掉。因此从这个角度看，无论他怎么
自杀，他都死不了，区别只在于他从一个"聊天群"转移到了另一
个"聊天群"。那么，我们是否可以大胆地说：万物都是不死的呢？

你还别说，有这种"疯狂"想法的人不仅仅是研究量子的物理
学大咖们，就连晚年不怎么待见量子的爱因斯坦也提出这样一个观
点：人死了以后不会消失，100年左右过后还会重新回来？为什么是
100年？这个爱因斯坦老师没有解释，他只是认为人死了以后，就

会以量子的形式保存起来，存在哪儿？有恐高症的朋友可要站稳了——保存在大气层里！只要你能默默忍受100年的高空恐惧，你就会再次变成新的生命。

虽然听起来爱因斯坦的说法和量子自杀实验不沾边，但是仔细想想，其实也是有关联的：你在大气里飘浮这100年，也许只是肉身的基本元素放在那里"寄存"着，你的意识并没有闲着，而是变成了波进入了平行宇宙中，附身在那个没有死的你身上了，这也正好是"波粒二象性"的完美解释。总之，量子物理学家认为人是真的不死的，还把这个现象称为"量子永生"。

在前面的章节，我们讲过平行宇宙中的另一个"你"，于是有人会忽然想起来：那个"你"和没有被子弹打死的"你"是同一个"你"吗（这句话有些拗口请多读几遍）？

答案是否定的。

20世纪50年代，伴随着量子力学的发展，物理学家在研究微观量子时发现它们每时每刻都在发生着变化，而宇宙就是由微观量子组成的，因此有科学家认定这些不安分的量子会构成无数个平行宇宙，也就有无数个"你"。不过这些"你"只是肉身相同罢了，你们的性格不一样，人生际遇也不一样，就像是同一个模子做出来的玻璃瓶，有的灌装了百事可乐，有的灌装了美年达，只有在特殊外界条件下（比如虫洞或者时空扭曲）你们才能发生感应。

但是，当你举枪打算自杀的时候就不一样了，因为这是一种会产生两种结果的选择行为，就会在你原来的这个宇宙中分裂出一个新的宇宙，这时被分裂出的那个"你"才是真正的复制品——你们"灌装"的都是百事可乐。

　　如果说"薛定谔的猫"是"既死又活"的，那么量子自杀实验告诉我们：肯定有一个活着的！

　　听到这里，有人会提出疑问：如果我开枪自杀了，我的意识去哪儿了？是被另一个"我"继承了呢？还是跑到另一个世界去了？其实，这里根本不存在继承不继承的问题，我们说过，这个"你"是唯一的，要么在"你还活着"的世界里，要么在"你已经死了"的世界里，而我们无法得知一个人"死了"以后是否还具有意识。根据量子自杀实验，不妨大胆地推测：我们在扣动扳机打死自己之后（也可能是瞬间），就自动进入到那个子弹没有打死我们的世界，在那里继续生活下去。

　　估计还会有人发出疑问：如果我不是自杀而是正常死亡呢？是不是只有一个必死的结果了？等等，你所谓的"正常死亡"是什么？如果是身患绝症死亡的话，它也存在着身体康复和病情恶化两种可能，你认为的正常死亡只是其中一种，这和你扣动扳机子弹没有击穿你的大脑一样，都不是由你来决定的。

　　可是，如果不是患病，纯粹是"老死"的呢？其实这还是同一个问题：你怎么知道你的寿命必须终结在某个时间点上呢？难道就不能是往后延长若干岁吗？要知道，我们对人类的寿命的认识也只是源于我们了解的这个世界，我们为什么不能大胆地假设：这个世界上所谓"寿终正寝"的人，其实也是死于某种意外的病变呢？就是说他们都有着无限延续生命的另一种可能！

　　好了，相信你看到这里情绪会有些小激动，不过我们也要承认，量子自杀实验得出的结论，目前还不能看成是一个确定性的结论，毕竟它是结合了太多的未知而引导出来的，这不仅涉及平行宇宙的概念，还涉及多维空间和量子纠缠等概念，它们都无法用我们现有的科学手段去分析，不过它的思维逻辑还是比较严密的，物理学家们求甚解的态度也值得我们尊重。或许，在量子的世界里，"永生"和我们所定义的并不一样吧。

7.幽灵成像：我的眼里只有你

一提到幽灵，有些人可能会脊背发凉，的确，无论是在东方文化还是西方文化中，幽灵都代表着一种神秘的、恐怖的、和死亡有关的存在。当然，如果用量子力学的观点来解释，幽灵也可以看成是物体的波粒二象性中"波"的属性。不过，这一节我们要讲到的"幽灵成像"，比波粒二象性更有趣，也更耐人寻味，它就是著名的幽灵成像实验。

这个实验是由华裔物理学家、美国马里兰大学的史砚华做的。实验内容如下：

在实验现场，摆放着一个特殊的光源，名为纠缠光源，顾名思义，它所发出的光是纠缠的粒子，分别为红色的光子和蓝色的光子，在偏振器（过滤掉其他方向只保留某个特定方向的仪器，便于实验）的作用下，红光子和蓝光子就像一对被棒打的鸳鸯朝着不同的方向传播。其中，红光子通过一个形状特殊的狭缝，投射出一个相应的图案（一个鬼影）；蓝光子前进的路上没有设定狭缝，而是经过一个识别器，它能够筛选出和通过狭缝的红光子纠缠过的蓝光子，最后把这些特定的蓝光子投射在一块屏幕上，结果你猜怎么样？屏幕上显示出了鬼影的图案！

　　为了证明该实验具有可重复性，史砚华教授又把狭缝的形状从鬼影改变为四个英文字母"UMBC"——马里兰大学的英文缩写，实验操作的空间也扩大了，让蓝光子在另一间实验室里显示。结果这次实验和上一次如出一辙，蓝光子依然显现出红光子经过的狭缝图案——UMBC！

　　要知道，对于人来说，两个实验室走几步就到了，可对于微小的光子而言，这段距离差不多相当于星际旅行了，而相隔如此遥远还能遥相呼应，如果用经典的光学理论去解释，完全不合理，因为红光子和蓝光子在出发的时候就分道扬镳，而且选择了完全不同的传播路径。然而蓝光子却能投射出只有红光子才看到的鬼影，这足以证明量子纠缠是真的存在。

　　可是，还会有人觉得这个实验听起来难以理解，那么，我们不妨换一个"土味"实验来解释一下。

　　我们先来制作一个名叫双头弹的小炮仗，就是一个纸筒里塞入火药、两头各塞进去一粒钢珠的微型爆竹。制作完毕以后，我们点燃引信把它扔向空中，在爆炸的一瞬间，两颗钢珠会朝着相反的方向高速飞出，这时你所站的位置是在两面墙之间：东墙有一扇小窗户，西墙是一面完整的墙，你不知道东墙上的窗户是什么形状，不过这扇小窗后面有一面比窗户还大的铜锣。当你一直向空中扔出双头弹的时候，只要听到铜锣响（钢珠穿过了东墙的窗户），就把相应的打在西墙上的弹珠落点画出来……如果你引爆了至少上百颗双头弹之后，你只需看看西墙上的图案就知道东墙的窗户是什么形状了。（注意：此实验应由专业人士操作，或在专业人士指导下进行。）

　　怎么样？这种描述方式应该理解了吧？其实，双头弹中的两颗钢珠就可以理解为纠缠的红蓝光子，红光子是通过东墙窗户的钢珠，蓝光子是打在西墙上的钢珠，它可以在量子纠缠的作用下画出一幅"幽灵图像"。不过听到这里，有人会说："这个图像可不是钢珠自己画的啊，明明是人经过判断之后画出来的。"没错，人在这里其实扮演的就是量子纠缠作用，至于它的运行逻辑该如何解释，正是量子力学需要搞清楚的。不过，虽然量子纠缠的原理我们并没有弄懂，但是我们可以利用这种神奇的规律升级科技水准。根据报道，中国目前正在研究"幽灵成像卫星"，这种卫星有两个摄像头：一个采用桶状的单像素传感器，对准我们要扫描的区域，相当于红光子；另一个摄像头负责测量环境中更宽区域的光场变化，相当于蓝光子。科学家们经过分析、合并两个摄像头接收的信号，依靠复杂的量子物理学算法，就能制作出一个分辨率超高的目标图像，这是一种更高级的借助量子纠缠来获得物体信息的成像手段。

　　幽灵成像实验，也打破了经典物理学的"定域性"——你在A点活动，我却可以在B点观察你。比如，你和恋人两地分居，在一个浪漫而孤独的雨夜，对方拿起电话温柔地说想你，这时你借助绑定在你们身上的量子纠缠设备，瞬间将影像投射在她的身边，上演最真实的VR现场还原，你们的一举一动都尽收对方眼底：你能看到她所看到的，你的眼里就只有她的世界了……这难道不就是超距作用下的跨时空爱恋吗？想想看，不管你的爱人身在何方，你们始终"共享"一个世界，真正地分享彼此的喜怒哀乐，这才是最激荡人心的"合体"！关于幽灵成像和量子纠缠，或许还会有人持怀疑态度，这倒也正常，因为量子力学是一门很多人只知其然不知其所以然的科学，现在我们熟知的种种理论都建立在实验推导出的假设上，有些还无法通过可重复的实践去证实。但是，现在解释不了、操作不了的理论，并不代表它是错误的，只是对很多人来说，我们要颠覆对定域性的认识和对经典物理学的留恋，要经历一个阵痛的过程。因为，只有经过颠覆之后，我们才能看到一个新世界。